住房和城乡建设部标准定额研究所　　　　建设工程造价技术资料

通用安装工程消耗量

TY 02-31-2021

第十二册　防腐蚀、绝热工程

TONGYONG ANZHUANG GONGCHENG XIAOHAOLIANG

DI-SHIER CE FANGFUSHI JUERE GONGCHENG

中国计划出版社

北　京

图书在版编目(CIP)数据

通用安装工程消耗量:TY02-31-2021.第十二册,防腐蚀、绝热工程 / 住房和城乡建设部标准定额研究所组织编制. -- 北京 : 中国计划出版社,2022.2
ISBN 978-7-5182-1410-5

Ⅰ. ①通… Ⅱ. ①住… Ⅲ. ①建筑安装－消耗定额－中国②防腐－工程施工－消耗定额－中国③绝热工程－消耗定额－中国 Ⅳ. ①TU723.3

中国版本图书馆CIP数据核字(2022)第002752号

责任编辑:张　颖　　　　　封面设计:韩可斌
责任校对:杨奇志　刘　原　　责任印制:赵文斌　康媛媛

中国计划出版社出版发行

网址:www.jhpress.com

地址:北京市西城区木樨地北里甲11号国宏大厦C座3层

邮政编码:100038　电话:(010)63906433(发行部)

北京市科星印刷有限责任公司印刷

880mm×1230mm　1/16　18.25印张　535千字

2022年2月第1版　2022年2月第1次印刷

定价:128.00元

前　言

工程造价是工程建设管理的重要内容。以人工、材料、机械消耗量分析为基础进行工程计价,是确定和控制工程造价的重要手段之一,也是基于成本的通用计价方法。长期以来,我国建立了以施工阶段为重点,涵盖房屋建筑、市政工程、轨道交通工程等各个专业的计价体系,为确定和控制工程造价、提高我国工程建设的投资效益发挥了重要作用。

随着我国工程建设技术的发展,新的工程技术、工艺、材料和设备不断涌现和应用,落后的工艺、材料、设备和施工组织方式不断被淘汰,工程建设中的人材机消耗量也随之发生变化。2020 年我部办公厅发布《工程造价改革工作方案》(建办标〔2020〕38 号),要求加快转变政府职能,优化概算定额、估算指标编制发布和动态管理,取消最高投标限价按定额计价的规定,逐步停止发布预算定额。为做好改革期间的过渡衔接,在住房和城乡建设部标准定额司的指导下,我所根据工程造价改革的精神,协调 2015 年版《房屋建筑与装饰工程消耗量定额》《市政工程消耗量定额》《通用安装工程消耗量定额》的部分主编单位、参编单位以及全国有关造价管理机构和专家,按照简明适用、动态调整的原则,对上述专业的消耗量定额进行了修订,形成了新的《房屋建筑与装饰工程消耗量》《市政工程消耗量》《通用安装工程消耗量》,由我所以技术资料形式印刷出版,供社会参考使用。

本次经过修订的各专业消耗量,是完成一定计量单位的分部分项工程人工、材料和机械用量,是一段时间内工程建设生产效率社会平均水平的反映。因每个工程项目情况不同,其设计方案、施工队伍、实际的市场信息、招投标竞争程度等内外条件各不相同,工程造价应当在本地区、企业实际人材机消耗量和市场价格的基础上,结合竞争规则、竞争激烈程度等参考选用与合理调整,不应机械地套用。使用本书消耗量造成的任何造价偏差由当事人自行负责。

本次修订中,各主编单位、参编单位、编制人员和审查人员付出了大量心血,在此一并表示感谢。由于水平所限,本书难免有所疏漏,执行中遇到的问题和反馈意见请及时联系主编单位。

住房和城乡建设部标准定额研究所

2021 年 11 月

总　说　明

一、《通用安装工程消耗量》共分十二册,包括:

第一册　机械设备安装工程

第二册　热力设备安装工程

第三册　静置设备与工艺金属结构制作安装工程

第四册　电气设备与线缆安装工程

第五册　建筑智能化工程

第六册　自动化控制仪表安装工程

第七册　通风空调安装工程

第八册　工业管道安装工程

第九册　消防安装工程

第十册　给排水、采暖、燃气安装工程

第十一册　信息通信设备与线缆安装工程

第十二册　防腐蚀、绝热工程

二、本消耗量适用于工业与民用新建、扩建工程项目中的通用安装工程。

三、本消耗量在《通用安装工程消耗量定额》TY 02-31-2015 基础上,以国家和有关行业发布的现行设计规程或规范、施工及验收规范、技术操作规程、质量评定标准、产品标准和安全操作规程、绿色建造规定、通用施工组织与施工技术等为依据编制。同时参考了有关省市、部委、行业、企业定额,以及典型工程设计、施工和其他资料。

四、本消耗量按照正常施工组织和施工条件,国内大多数施工企业采用的施工方法、机械装备水平、合理的劳动组织及工期进行编制。

1. 设备、材料、成品、半成品、构配件完整无损,符合质量标准和设计要求,附有合格证书和检验、试验合格记录。

2. 安装工程和土建工程之间的交叉作业合理、正常。

3. 正常的气候、地理条件和施工环境。

4. 安装地点、建筑物实体、设备基础、预留孔洞、预留埋件等均符合安装设计要求。

五、关于人工:

1. 本消耗量人工以合计工日表示,分别列出普工、一般技工和高级技工的工日消耗量。

2. 人工消耗量包括基本用工、辅助用工和人工幅度差。

3. 人工每工日按照 8 小时工作制计算。

六、关于材料:

1. 本消耗量材料泛指原材料、成品、半成品,包括施工中主要材料、辅助材料、周转材料和其他材料。本消耗量中以"(×××)"表示的材料为主要材料。

2. 材料用量:

(1)本消耗量中材料用量包括净用量和损耗量。

(2)材料损耗量包括从工地仓库运至安装堆放地点或现场加工地点运至安装地点的搬运损耗、安装操作损耗、安装地点堆放损耗。

(3)材料损耗量不包括场外的运输损失、仓库(含露天堆场)地点或现场加工地点保管损耗、由于材料规格和质量不符合要求而报废的数量;不包括规范、设计文件规定的预留量、搭接量、冗余量。

3. 本消耗量中列出的周转性材料用量是按照不同施工方法、考虑不同工程项目类别、选取不同材料规格综合计算出的摊销量。

4.对于用量少、低值易耗的零星材料,列为其他材料。按照消耗性材料费用比例计算。

七、关于机械:

1.本消耗量施工机械是按照常用机械、合理配备考虑,同时结合施工企业的机械化能力与水平等情况综合确定。

2.本消耗量中的施工机械台班消耗量是按照机械正常施工效率并考虑机械施工适当幅度差综合取定。

3.原单位价值在 2 000 元以内、使用年限在一年以内不构成固定资产的施工机械,不列入机械台班消耗量,其消耗的燃料动力等综合在其他材料费中。

八、关于仪器仪表:

1.本消耗量仪器仪表是按照正常施工组织、施工技术水平考虑,同时结合市场实际情况综合确定。

2.本消耗量中的仪器仪表台班消耗量是按照仪器仪表正常使用率,并考虑必要的检验检测及适当幅度差综合取定。

3.原单位价值在 2 000 元以内、使用年限在一年以内不构成固定资产的仪器仪表,不列入仪器仪表台班消耗量,其消耗的燃料动力等综合在其他材料费中。

九、关于水平运输和垂直运输:

1.水平运输:

(1)水平运输距离是指自现场仓库或指定堆放地点运至安装地点或垂直运输点的距离。本消耗量设备水平运距按照 200m、材料(含成品、半成品)水平运距按照 300m 综合取定,执行消耗量时不做调整。

(2)消耗量未考虑场外运输和场内二次搬运。工程实际发生时应根据有关规定另行计算。

2.垂直运输:

(1)垂直运输基准面为室外地坪。

(2)本消耗量垂直运输按照建筑物层数 6 层以下、建筑高度 20m 以下、地下深度 10m 以内考虑,工程实际超过时,通过计算建筑物超高(深)增加费处理。

十、关于安装操作高度:

1.安装操作基准面一般是指室外地坪或室内各层楼地面地坪。

2.安装操作高度是指安装操作基准面至安装点的垂直高度。本消耗量除各册另有规定者外,安装操作高度综合取定为 6m 以内。工程实际超过时,计算安装操作高度增加费。

十一、关于建筑超高(深)增加费:

1.建筑超高(深)增加费是指在建筑物层数 6 层以上、建筑高度 20m 以上、地下深度 10m 以上的建筑施工时,计算由于建筑超高(深)需要增加的安装费。各册另有规定者除外。

2.建筑超高(深)增加费包括人工降效、使用机械(含仪器仪表、工具用具)降效、延长垂直运输时间等费用。

3.建筑超高(深)增加费,以单位工程(群体建筑以车间或单楼设计为准)全部工程量(含地下、地上部分)为基数,按照系数法计算。系数详见各册说明。

4.单位工程(群体建筑以车间或单楼设计为准)满足建筑高度、建筑物层数、地下深度之一者,应计算建筑超高(深)增加费。

十二、关于脚手架搭拆:

1.本消耗量脚手架搭拆是根据施工组织设计、满足安装需要所采取的安装措施。脚手架搭拆除满足自身安全外,不包括工程项目安全、环保、文明等工作内容。

2.脚手架搭拆综合考虑了不同的结构形式、材质、规模、占用时间等要素,执行消耗量时不做调整。

3.在同一个单位工程内有若干专业安装时,凡符合脚手架搭拆计算规定,应分别计取脚手架搭拆费用。

十三、本消耗量没有考虑施工与生产同时进行、在有害身体健康（防腐蚀工程、检测项目除外）条件下施工时的降效,工程实际发生时根据有关规定另行计算。

十四、本消耗量适用于工程项目施工地点在海拔高度 2 000m 以下施工,超过时按照工程项目所在地区的有关规定执行。

十五、本消耗量中注有"×× 以内"或"×× 以下"及"小于"者,均包括 ×× 本身;注有"×× 以外"或"×× 以上"及"大于"者,则不包括 ×× 本身。

说明中未注明（或省略）尺寸单位的宽度、厚度、断面等,均以"mm"为单位。

十六、凡本说明未尽事宜,详见各册说明。

册　说　明

一、第十二册《防腐蚀、绝热工程》（以下简称本册）适用于新建、扩建项目中的设备、管道、金属结构等的除锈、防腐蚀、绝热工程。

二、本册编制的主要依据有：

1.《工业设备及管道防腐蚀工程施工规范》GB 50726—2011；

2.《工业设备及管道防腐蚀工程施工质量验收规范》GB 50727—2011；

3.《工业设备及管道绝热工程施工质量验收标准》GB 50185—2019；

4.《工业设备及管道绝热工程设计规范》GB 50264—2013；

5.《石油化工绝热工程施工质量验收规范》GB 50645—2011；

6.《涂覆涂料前钢材表面处理　表面清洁度的目视评定　第 1 部分：未涂覆过的钢材表面和全面清除原有涂层后的钢材表面的锈蚀等级和处理等级》GB/T 8923.1—2011；

7.《涂覆涂料前钢材表面处理　表面清洁度的目视评定　第 2 部分：已涂覆过的钢材表面局部清除原有涂层后的处理等级》GB/T 8923.2—2008；

8.《橡胶衬里　第 1 部分：设备防腐衬里》GB 18241.1—2014；

9.《乙烯基酯树脂防腐蚀工程技术规范》GB/T 50590—2010；

10.《钢结构防火涂料》GB 14907—2018；

11.《耐酸砖》GB/T 8488—2008；

12.《绝热用岩棉、矿渣棉及其制品》GB/T 11835—2016；

13.《管道与设备绝热－保温》08K507-1,08R418-1；

14.《管道与设备绝热－保冷》08K507-2,08R418-2；

15.《柔性泡沫橡塑绝热制品》GB/T 17794—2008；

16.《通用安装工程消耗量定额》TY 02-31-2015；

17. 相关标准图集、技术手册等。

三、本册除各章另有说明外，均包括施工准备、材料及工机具场内运输、临时移动水源与电源、废弃涂料桶和涂刷用具集中堆放、配合检查验收等。

四、本册不包括下列工作内容：

1. 材料性能检验、试验。

2. 废弃涂料桶和涂刷用具回收或处理。工程实际发生时，按照有关规定另行计算。

五、下列费用可按系数分别计算：

1. 脚手架搭拆费：防腐蚀工程按照人工费的 6%；绝热工程按人工费的 10%；脚手架搭拆费用中：人工费占 40%、材料费占 53%、机械费占 7%。

高度超过 25m 设备防腐蚀、绝热脚手架按照施工方案单独计列；箱、罐内部防腐蚀施工脚手架，根据施工方案执行《房屋建筑与装饰工程消耗量》TY 01-31-2021 相应脚手架乘以系数 1.20。

2. 施工高度超过安装操作基准面 6m 时，超过部分工程量按照消耗量人工费乘以下列系数计算操作高度增加费。其中：人工费为 70%,材料费为 18%,机械费为 12%。

系数表

安装高度距离安装操作基准面（m）	≤10	≤30	≤50
系　　数	0.10	0.20	0.50

3. 建筑超高、超深增加费按照下表计算。其中：人工费为 36.5%，机械与仪器仪表为 63.5%。

建筑超高、超深增加费表

建筑物高度（以内）	40m	60m	80m	100m	120m	140m	160m	180m	200m
建筑物层数（以内）	12层	18层	24层	30层	36层	42层	48层	54层	60层
地下深度（以内）	20m	30m	40m	—	—	—	—	—	—
按照人工费计算（%）	2.4	4.0	5.8	7.4	9.1	10.9	12.6	14.3	16.0

注：建筑物层数大于 60 层时，以 60 层为基础，每增加一层增加 0.3%。

六、金属结构防腐蚀说明。

1. 大型型钢钢结构是指 H 型钢结构或钢板焊接 BH 结构任何一边大于 300mm 的钢结构，以"10m²"为计量单位计算防腐蚀工作量。

2. 管廊钢结构是指除管廊上的平台、栏杆、梯子以及大型型钢钢结构以外的钢结构，以"100kg"为计量单位计算防腐蚀工程量。

3. 一般钢结构是指除大型型钢钢结构和管廊钢结构以外的其他钢结构，包括平台、栏杆、梯子、管道支架及其他金属构件，以"100kg"为计量单位计算防腐蚀工程量。

4. 由钢管制作的金属结构，执行管道消耗量，人工乘以系数 1.20。

目　录

第十章 绝热工程

附 录

第一章　除锈工程

说　明

一、本章内容包括金属表面的手工除锈、动力除锈、喷射除锈、抛丸除锈及化学除锈工程。

二、各种管件、阀件及设备上人孔、管口凸凹部分的除锈已综合考虑在消耗量内,不另行计算。

三、除锈区分标准:

1. 手工、动力工具除锈锈蚀标准分为轻、中两种。

轻锈:已发生锈蚀,并且部分氧化皮已经剥落的钢材表面。

中锈:氧化皮已因锈蚀而剥落,或者可以刮除,并且有少量点蚀的钢材表面。

2. 手工、动力工具除锈过的钢材表面分为 St2 和 St3 两个标准。

St2 标准:钢材表面应无可见的油脂和污垢,并且没有附着不牢的氧化皮、铁锈和涂料涂层等附着物;

St3 标准:钢材表面应无可见的油脂和污垢,并且没有附着不牢的氧化皮、铁锈和涂料涂层等附着物。除锈应比 St2 标准更为彻底,底材显露出部分的表面应具有金属光泽。

3. 喷射除锈过的钢材表面分为 Sa2、Sa2.5 和 Sa3 三个标准。

(1)Sa2 级:彻底的喷射或抛射除锈。

钢材表面应无可见的油脂、污垢,并且氧化皮、铁锈和涂料层等附着物已基本清除,其残留物应是牢固附着的。

(2)Sa2.5 级:非常彻底的喷射或抛射除锈。

钢材表面应无可见的油脂、污垢、氧化皮、铁锈和涂料层等附着物,任何残留的痕迹应仅是点状或条纹状的轻微色斑。

(3)Sa3 级:使钢材表观洁净的喷射或抛射除锈。

钢材表面应无可见的油脂、污垢、氧化皮、铁锈和涂料层等附着物,该表面应显示均匀的金属色泽。

四、关于下列各项费用的规定:

1. 手工和动力工具除锈按 St2 标准确定。若变更级别标准,如按 St3 标准乘以系数 1.10。

2. 喷射除锈按 Sa2.5 级标准确定。若变更级别标准,Sa3 级定额乘以系数 1.10,Sa2 级乘以系数 0.90。

3. 本章不包括除微锈(标准:氧化皮完全紧附,仅有少量锈点),发生时其工程量执行轻锈乘以系数 0.20。

一、手 工 除 锈

工作内容：除锈、除尘。　　　　　　　　　　　　　　　　　　　　　　　　计量单位：10m²

编　号				12-1-1	12-1-2	12-1-3	12-1-4
项　目				管道		设备 φ1 000 以上	
				轻锈	中锈	轻锈	中锈
名　称			单位	消　耗　量			
人工	合计工日		工日	0.303	0.722	0.321	0.500
	其中	普工	工日	0.176	0.419	0.186	0.290
		一般技工	工日	0.127	0.303	0.135	0.210
材料	钢丝刷子		把	0.200	0.400	0.200	0.400
	铁砂布 0#～2#		张	1.500	3.000	1.500	3.000
	碎布		kg	0.200	0.400	0.200	0.400

编　号				12-1-5	12-1-6	12-1-7	12-1-8	12-1-9	12-1-10
项　目				一般钢结构		管廊钢结构		大型型钢钢结构	
				轻锈	中锈	轻锈	中锈	轻锈	中锈
				100kg				10m²	
名　称			单位	消　耗　量					
人工	合计工日		工日	0.303	0.482	0.188	0.295	0.293	0.454
	其中	普工	工日	0.176	0.280	0.110	0.171	0.170	0.259
		一般技工	工日	0.127	0.202	0.078	0.124	0.123	0.195
材料	钢丝刷子		把	0.150	0.290	0.090	0.167	0.171	0.343
	铁砂布 0#～2#		张	1.090	2.180	0.682	1.356	1.286	2.572
	碎布		kg	0.150	0.290	0.090	0.181	0.171	0.343
机械	汽车式起重机 16t		台班	0.010	0.010	0.008	0.008	—	—
	汽车式起重机 25t		台班	—	—	—	—	0.014	0.014

二、动力工具除锈

工作内容：除锈、除尘。

计量单位：10m²

编　号			12-1-11	12-1-12	12-1-13	12-1-14
项　目			管道		设备 φ1 000 以上	
			轻锈	中锈	轻锈	中锈
名　称		单位	消　耗　量			
人工	合计工日	工日	0.260	0.584	0.245	0.404
	其中 普工	工日	0.130	0.292	0.122	0.202
	一般技工	工日	0.109	0.245	0.103	0.170
	高级技工	工日	0.021	0.047	0.020	0.032
材料	钢丝刷子	把	0.050	0.050	0.050	0.250
	圆型钢丝轮 φ100	片	0.200	1.000	0.100	0.500
	碎布	kg	0.200	1.000	0.200	1.000

编　号			12-1-15	12-1-16	12-1-17	12-1-18	12-1-19	12-1-20
项　目			一般钢结构		管廊钢结构		大型型钢钢结构	
			轻锈	中锈	轻锈	中锈	轻锈	中锈
			100kg				10m²	
名　称		单位	消　耗　量					
人工	合计工日	工日	0.245	0.388	0.151	0.238	0.236	0.366
	其中 普工	工日	0.122	0.194	0.075	0.120	0.118	0.183
	一般技工	工日	0.103	0.163	0.063	0.100	0.099	0.154
	高级技工	工日	0.020	0.031	0.013	0.018	0.019	0.029
材料	钢丝刷子	把	0.060	0.280	0.030	0.150	0.045	0.225
	圆型钢丝轮 φ100	片	0.197	1.009	0.132	0.672	0.190	0.950
	碎布	kg	0.150	0.290	0.090	0.181	0.171	0.343
机械	汽车式起重机 16t	台班	0.005	0.005	0.004	0.004	—	—
	汽车式起重机 25t	台班	—	—	—	—	0.007	0.007

三、喷 射 除 锈

工作内容：运砂、喷砂、砂子回收、现场清理及工机具维护。　　　　　　　　　　　　计量单位：10m²

编　号				12-1-21	12-1-22	12-1-23	12-1-24
项　目				喷石英砂			
				设备 φ1 000 以下		设备 φ1 000 以上	
				内壁	外壁	内壁	外壁
名　称			单位	消　耗　量			
人工	合计工日		工日	1.400	0.894	1.184	0.842
	其中	普工	工日	0.700	0.447	0.592	0.421
		一般技工	工日	0.588	0.376	0.498	0.353
		高级技工	工日	0.112	0.071	0.094	0.068
材料	石英砂（综合）		m³	（0.174）	（0.222）	（0.138）	（0.182）
	喷砂嘴		个	0.080	0.076	0.080	0.076
	喷砂用胶管 中压 D40		m	0.200	0.190	0.200	0.190
机械	喷砂除锈机 3m³/min		台班	0.368	0.236	0.296	0.198
	电动空气压缩机 6m³/min		台班	0.368	0.236	0.296	0.198
	轴流通风机 30kW		台班	0.336	—	0.296	—

编　号			12-1-25	12-1-26	12-1-27	12-1-28	12-1-29
项　目			喷石英砂				
			管道		一般钢结构	管廊钢结构	大型型钢钢结构
			内壁	外壁			
			10m²		100kg		10m²
名　称		单位	消　耗　量				
人工	合计工日		工日	1.488	0.926	0.554	0.334	0.857
	其中	普工	工日	0.744	0.463	0.277	0.167	0.428
		一般技工	工日	0.625	0.389	0.232	0.140	0.360
		高级技工	工日	0.119	0.074	0.045	0.027	0.069
材料	石英砂（综合）		m³	（0.252）	（0.263）	（0.175）	（0.081）	（0.194）
	喷砂嘴		个	0.080	0.076	0.076	0.048	0.066
	喷砂用胶管 中压 D40		m	0.200	0.190	0.122	0.072	0.165
机械	喷砂除锈机 3m³/min		台班	0.336	0.228	0.236	0.156	0.171
	电动空气压缩机 6m³/min		台班	0.336	0.228	0.236	0.156	0.171
	汽车式起重机 16t		台班	—	—	0.008	0.007	—
	汽车式起重机 25t		台班	—	—	—	—	0.011

注：表中名称列第一行"人工""其中"为合并单元，材料名称列对应消耗量。

编　号			12-1-30	12-1-31	12-1-32	12-1-33
项　目			气柜			
			喷石英砂			
			水槽壁板	水槽底板	中罩板	金属结构
			10m²			100kg
名　称		单位	消　耗　量			
人工	合计工日	工日	0.946	1.818	0.946	0.554
	其中 普工	工日	0.473	0.909	0.473	0.277
	一般技工	工日	0.397	0.764	0.397	0.232
	高级技工	工日	0.076	0.145	0.076	0.045
材料	石英砂（综合）	m³	（0.175）	（0.175）	（0.175）	（0.152）
	道木	m³	0.236	—	—	—
	角钢 63 以外	kg	2.736	—	—	—
	氧气	m³	0.122	—	—	—
	带锈底漆	kg	0.038	—	—	—
	低碳钢焊条 J422 ϕ3.2	kg	0.099	—	—	—
	喷砂嘴	个	0.076	0.076	0.076	0.076
	喷砂用胶管 中压 D40	m	0.198	0.190	0.190	0.122
机械	喷砂除锈机 3m³/min	台班	0.281	0.403	0.281	0.236
	电动空气压缩机 6m³/min	台班	0.281	0.403	0.281	0.236
	汽车式起重机 16t	台班	0.076	—	0.091	0.008
	交流弧焊机 32kV·A	台班	0.023	—	—	—
	轴流通风机 30kW	台班	—	0.334	0.114	—

计量单位：10m²

编　号			12-1-34	12-1-35	12-1-36	12-1-37
项　目			喷石英砂			
			带钩钉金属面	带龟甲网设备内表面	单片龟甲网	端板及零星板
名　称		单位	消　耗　量			
合计工日		工日	2.024	2.859	2.422	3.536
人工	其中	普工	工日	1.012	1.429	1.211	1.768
		一般技工	工日	0.850	1.201	1.017	1.485
		高级技工	工日	0.162	0.229	0.194	0.283
材料	石英砂（综合）	m³	（0.304）	（0.327）	（0.312）	（0.912）
	喷砂嘴	个	0.076	0.076	0.076	0.076
	喷砂用胶管 中压 D40	m	0.190	0.190	0.190	0.190
机械	空气过滤器	台班	0.380	0.532	0.380	1.064
	喷砂除锈机 3m³/min	台班	0.380	0.532	0.380	1.064
	电动空气压缩机 6m³/min	台班	0.380	0.532	0.380	1.064
	轴流通风机 30kW	台班	0.380	0.532	0.380	1.064

编　号			12-1-38	12-1-39	12-1-40	12-1-41	12-1-42	12-1-43
项　目			抛丸除锈					
			大型钢板		管道	大型型钢钢结构	一般钢结构	管廊钢结构
			单面除锈	双面除锈				
			10m²				100kg	
名　称		单位	消　耗　量					
合计工日		工日	0.460	0.307	0.378	0.395	0.344	0.148
人工	其中	普工	工日	0.230	0.153	0.189	0.197	0.172	0.074
		一般技工	工日	0.193	0.129	0.159	0.166	0.144	0.062
		高级技工	工日	0.037	0.025	0.030	0.032	0.028	0.012
材料	钢制磨料		kg	（2.206）	（2.206）	（2.227）	（1.980）	（1.435）	（0.865）
机械	汽车式起重机 16t		台班	0.014	0.007	0.016	0.016	—	0.007
	门式起重机 10t		台班	0.041	0.021	0.045	0.049	0.014	0.019
	抛丸除锈机 500mm		台班	—	—	0.050	0.042	0.045	0.021
	抛丸除锈机 1 000mm		台班	0.024	0.046	—	—	—	—

四、化 学 除 锈

工作内容：配液、酸洗、中和、吹干、检查。　　　　　　　　　　　　　计量单位：10m²

编　号			12-1-44	12-1-45
项　目			金属面	
			一般	特殊
名　称		单位	消　耗　量	
人工	合计工日	工日	0.232	0.295
	其中 普工	工日	0.116	0.147
	一般技工	工日	0.097	0.124
	高级技工	工日	0.019	0.024
材料	氢氧化钠（烧碱）	kg	0.360	0.360
	水	t	0.210	0.360
	尼龙网（综合）	m	—	0.170
	亚硝酸钠	kg	—	0.120
	耐油胶管（综合）	m	0.740	0.740
	硫酸 38%	kg	0.780	0.780
机械	电动空气压缩机 6m³/min	台班	0.010	0.010

第二章　防腐蚀涂料工程

说　　明

一、本章内容包括设备、管道、金属结构等各种防腐蚀涂料工程。

二、本章不包括除锈工作内容。

三、涂料配合比与实际设计配合比不同时，可根据设计要求进行换算，其人工、机械消耗量不变。

四、本章聚合热固化是采用蒸汽及红外线间接聚合固化考虑的，如采用其他方法，应按施工方案另行计算。

五、本章未包括的新品种涂料，应按相近项目执行，其人工、机械消耗量不变。

六、无机富锌底涂料消耗量执行氯磺化聚乙烯涂料的消耗量，涂料用量消耗量进行换算

七、如涂刷时需要强行通风，应增加轴流通风机7.5kW，其台班消耗量同合计工日消耗量。

八、防腐蚀工程按安装场地内涂刷考虑，如安装前集中涂刷，人工乘以系数0.45（暖气片除外）。如安装前集中喷涂，执行相应子目人工乘以系数0.45，材料乘以系数1.16，增加喷涂机械电动空气压缩机3m³/min（其台班消耗量同调整后的合计工日消耗量）。

九、常用涂料：红丹防锈涂料、防锈涂料、带锈底涂料、厚涂料、调和涂料、磁涂料、耐酸涂料、沥青涂料、醇酸磁涂料、醇酸清涂料、银粉涂料、煤焦油共十二个品种合并成一项。材料用量见附录，使用时参照附录材料用量计入。用量较少，对基价影响很小的零星材料综合为其他材料费计入基价（除厚漆涂料外，涂料辅材按实际费用调整）。

工程量计算规则

一、计算公式。

1. 设备筒体、管道表面积计算公式：

$$S = \pi \times D \times L$$

式中：π——圆周率；

　　　D——设备或管道直径；

　　　L——设备筒体高或管道延长米。

二、计算规则。

1. 计算设备筒体、管道表面积时已包括各种管件、阀门、人孔、管口凹凸部分，不再另外计算；

2. 管道、设备与矩形管道、大型钢制结构、铸铁管暖气片（散热面积为准）的除锈工程以"10m²"为计量单位；

3. 灰面、玻璃布、白布面、麻布、石棉布面、气柜、玛琋脂面涂刷工程以"10m²"为计量单位；

4. 一般钢结构、管廊钢结构的涂刷工程以"100kg"为计量单位。

一、常用涂料

工作内容: 调配、涂刷。

编　号			12-2-1	12-2-2	12-2-3	12-2-4	12-2-5	12-2-6
项　目			管道	设备及矩形管道	一般钢结构	管廊钢结构	大型型钢钢结构	铸铁管、暖气片
			每一遍					
			10m²		100kg		10m²	
名　称		单位	消　耗　量					
人工	合计工日	工日	0.198	0.139	0.180	0.107	0.130	0.269
	其中 普工	工日	0.109	0.076	0.099	0.058	0.071	0.147
	一般技工	工日	0.078	0.055	0.071	0.042	0.052	0.107
	高级技工	工日	0.011	0.008	0.010	0.007	0.007	0.015
材料	碎布	kg	0.200	0.200	0.060	0.430	0.096	0.098
	铁砂布 0#~2#	张	0.110	3.000	1.740	1.122	2.880	2.680
机械	汽车式起重机 25t	台班	—	—	0.005	0.005	0.008	—

计量单位:10m²

编　号			12-2-7	12-2-8	12-2-9	12-2-10	12-2-11	12-2-12	12-2-13
项　目			设备	管道	设备	管道	设备	管道	
			灰面		玻璃布面、白布面		麻布面、石棉布面		玛琋脂面
			每一遍						
名　称		单位	消　耗　量						
人工	合计工日	工日	0.347	0.394	0.417	0.577	0.445	0.628	0.690
	其中 普工	工日	0.187	0.215	0.229	0.316	0.245	0.346	0.379
	一般技工	工日	0.141	0.157	0.165	0.229	0.176	0.248	0.273
	高级技工	工日	0.019	0.022	0.023	0.032	0.024	0.034	0.038

计量单位：10m²

编　号	12-2-14	12-2-15	12-2-16	12-2-17	12-2-18	12-2-19
项　目	气柜水槽壁内外板、顶盖板外、罐底	气柜中罩塔内外壁	气柜顶盖内壁	顶盖外、罐底		
	涂料			烫沥青		
	每一遍			10mm 以内	15mm 以内	25mm 以内
名　称	单位	消　耗　量				

		名　称	单位	12-2-14	12-2-15	12-2-16	12-2-17	12-2-18	12-2-19
人工		合计工日	工日	0.133	0.185	0.202	1.638	2.499	3.228
	其中	普工	工日	0.073	0.102	0.111	0.899	1.374	1.774
		一般技工	工日	0.053	0.073	0.080	0.649	0.988	1.277
		高级技工	工日	0.007	0.010	0.011	0.090	0.137	0.177
材料		石油沥青 10#	kg	—	—	—	(100.000)	(150.000)	(200.000)
		木柴	kg	—	—	—	5.000	5.000	5.000
		煤	t	—	—	—	0.130	0.260	0.260

二、有机硅耐热涂料

工作内容：调配、涂刷。

编　号	12-2-20	12-2-21	12-2-22	12-2-23	12-2-24
项　目	设备	管道	一般钢结构	管廊钢结构	大型型钢钢结构
	有机硅耐热涂料				
	每一遍				
	10m²		100kg		10m²
名　称	单位	消　耗　量			

		名　称	单位	12-2-20	12-2-21	12-2-22	12-2-23	12-2-24
人工		合计工日	工日	0.180	0.256	0.285	0.178	0.176
	其中	普工	工日	0.099	0.140	0.143	0.089	0.087
		一般技工	工日	0.071	0.102	0.128	0.080	0.079
		高级技工	工日	0.010	0.014	0.014	0.009	0.010
材料		有机硅耐热涂料	kg	(0.934)	(0.900)	(0.720)	(0.431)	(1.071)
		有机硅涂料稀释剂	kg	0.130	0.130	0.110	0.063	0.136
机械		汽车式起重机 25t	台班	—	—	0.005	0.005	0.008

三、喷涂涂料

工作内容：调配、喷漆。

编　号			12-2-25	12-2-26	12-2-27	12-2-28	12-2-29
项　目			设备	管道	一般钢结构	管廊钢结构	大型型钢钢结构
			常用涂料（每一遍）				
			$10m^2$		100kg		$10m^2$
名　称		单位	消　耗　量				
人工	合计工日	工日	0.066	0.066	0.041	0.029	0.052
	其中　普工	工日	0.036	0.036	0.023	0.014	0.025
	一般技工	工日	0.026	0.026	0.016	0.014	0.024
	高级技工	工日	0.004	0.004	0.002	0.001	0.003
机械	电动空气压缩机 $3m^3/min$	台班	0.080	0.100	0.047	0.034	0.060
	汽车式起重机 25t	台班	—	—	0.005	0.005	0.006

四、漆酚树脂涂料

工作内容：运料、表面清洗、调配、涂刷。

计量单位：$10m^2$

编　号			12-2-30	12-2-31	12-2-32	12-2-33
项　目			设备			
			底涂层		中间涂层	面涂层
			两遍	增一遍	每一遍	
名　称		单位	消　耗　量			
人工	合计工日	工日	0.536	0.277	0.244	0.215
	其中　普工	工日	0.295	0.152	0.134	0.118
	一般技工	工日	0.194	0.101	0.089	0.078
	高级技工	工日	0.047	0.024	0.021	0.019
材料	漆酚树脂涂料	kg	（3.131）	（1.694）	（1.258）	（0.926）
	清洁剂	kg	0.801	0.174	0.126	0.114
	碎布	kg	0.200	—	—	—
	铁砂布 $0^# \sim 2^#$	张	6.000	3.000	1.500	—

计量单位: 10m²

编　号			12-2-34	12-2-35	12-2-36	12-2-37
项　目			管道			
			底涂层		中间涂层	面涂层
			两遍	增一遍	每一遍	
名　称		单位	消　耗　量			
人工	合计工日		工日	1.140	0.562	0.453	0.410
	其中	普工	工日	0.626	0.309	0.249	0.225
		一般技工	工日	0.414	0.204	0.164	0.149
		高级技工	工日	0.100	0.049	0.040	0.036
材料	漆酚树脂涂料		kg	（4.400）	（2.160）	（1.700）	（1.270）
	清洁剂		kg	0.990	0.210	0.144	0.138
	碎布		kg	0.200	—	—	—
	铁砂布 0#~2#		张	0.220	0.110	0.110	—

计量单位: 100kg

编　号			12-2-38	12-2-39	12-2-40	12-2-41
项　目			一般钢结构			
			底涂层		中间涂层	面涂层
			两遍	增一遍	每一遍	
名　称		单位	消　耗　量			
人工	合计工日		工日	0.497	0.260	0.195	0.171
	其中	普工	工日	0.272	0.143	0.107	0.094
		一般技工	工日	0.181	0.094	0.071	0.062
		高级技工	工日	0.044	0.023	0.017	0.015
材料	漆酚树脂涂料		kg	（1.940）	（0.960）	（0.710）	（0.520）
	清洁剂		kg	0.462	0.102	0.072	0.066
	碎布		kg	0.120	—	—	—
	铁砂布 0#~2#		张	3.480	1.450	0.720	—
机械	汽车式起重机 25t		台班	0.005	0.005	0.005	—

计量单位：100kg

编　号			12-2-42	12-2-43	12-2-44	12-2-45
项　目			管廊钢结构			
			底涂层		中间涂层	面涂层
			两遍	增一遍	每一遍	
名　称		单位	消　耗　量			
人工	合计工日		工日	0.341	0.178	0.132	0.119
	其中	普工	工日	0.170	0.088	0.065	0.060
		一般技工	工日	0.143	0.075	0.056	0.050
		高级技工	工日	0.028	0.015	0.011	0.009
材料	漆酚树脂涂料		kg	（1.143）	（0.579）	（0.415）	（0.305）
	清洁剂		kg	0.299	0.066	0.046	0.044
	碎布		kg	0.068	—	—	—
	铁砂布 0# ~ 2#		张	1.870	0.935	0.468	—
机械	汽车式起重机 25t		台班	0.005	0.005	0.005	—

计量单位：10m²

编　号			12-2-46	12-2-47	12-2-48	12-2-49
项　目			大型型钢钢结构			
			底涂层		中间涂层	面涂层
			两遍	增一遍	每一遍	
名　称		单位	消　耗　量			
人工	合计工日		工日	0.603	0.319	0.236	0.209
	其中	普工	工日	0.301	0.159	0.118	0.105
		一般技工	工日	0.254	0.135	0.099	0.088
		高级技工	工日	0.048	0.025	0.019	0.016
材料	漆酚树脂涂料		kg	（3.224）	（1.584）	（1.176）	（0.856）
	清洁剂		kg	0.768	0.168	0.120	0.110
	碎布		kg	0.192	—	—	—
	铁砂布 0# ~ 2#		张	5.760	2.880	1.440	—
机械	汽车式起重机 25t		台班	0.008	0.008	0.008	—

五、聚氨酯涂料

工作内容: 运料、表面清洗、调配、涂刷。

计量单位:10m²

编　号			12-2-50	12-2-51	12-2-52	12-2-53
项　目			设备			
			底涂层		中间涂层	面涂层
			两遍	增一遍	每一遍	
名　称		单位	消　耗　量			
人工	合计工日	工日	0.533	0.335	0.249	0.249
	其中 普工	工日	0.293	0.184	0.137	0.137
	一般技工	工日	0.193	0.122	0.090	0.090
	高级技工	工日	0.047	0.029	0.022	0.022
材料	聚氨酯底层涂料	kg	(2.080)	(1.040)	—	—
	聚氨酯面层涂料	kg	—	—	(1.227)	(0.905)
	聚氨酯涂料稀释剂	kg	0.700	0.350	0.360	0.370
	清洁剂	kg	0.450	—	—	—
	碎布	kg	0.200	—	—	—
	铁砂布 0#~2#	张	6.000	3.000	1.500	—

计量单位:10m²

编　号			12-2-54	12-2-55	12-2-56	12-2-57
项　目			管道			
			底涂层		中间涂层	面涂层
			两遍	增一遍	每一遍	
名　称		单位	消　耗　量			
人工	合计工日	工日	0.907	0.637	0.467	0.467
	其中 普工	工日	0.498	0.350	0.257	0.257
	一般技工	工日	0.329	0.231	0.169	0.169
	高级技工	工日	0.080	0.056	0.041	0.041
材料	聚氨酯底层涂料	kg	(2.550)	(1.280)	—	—
	聚氨酯面层涂料	kg	—	—	(1.530)	(0.970)
	聚氨酯涂料稀释剂	kg	0.890	0.450	0.500	0.480
	清洁剂	kg	0.495	—	—	—
	碎布	kg	0.200	—	—	—
	铁砂布 0#~2#	张	0.220	0.110	0.110	—

计量单位：100kg

编 号				12-2-58	12-2-59	12-2-60	12-2-61
项 目				一般钢结构			
				底涂层		中间涂层	面涂层
				两遍	增一遍	每一遍	
名 称			单位	消 耗 量			
人工	合计工日		工日	0.432	0.277	0.204	0.204
	其中	普工	工日	0.237	0.152	0.112	0.112
		一般技工	工日	0.157	0.101	0.074	0.074
		高级技工	工日	0.038	0.024	0.018	0.018
材料	聚氨酯底层涂料		kg	（1.160）	（0.580）	—	—
	聚氨酯面层涂料		kg	—	—	（0.550）	（0.520）
	聚氨酯涂料稀释剂		kg	0.410	0.200	0.220	0.230
	清洁剂		kg	0.261	—	—	—
	碎布		kg	0.120	—	—	—
	铁砂布 0#~2#		张	3.480	0.870	0.870	—
机械	汽车式起重机 25t		台班	0.005	0.005	0.005	—

计量单位：100kg

编 号				12-2-62	12-2-63	12-2-64	12-2-65
项 目				管廊钢结构			
				底涂层		中间涂层	面涂层
				两遍	增一遍	每一遍	
名 称			单位	消 耗 量			
人工	合计工日		工日	0.268	0.184	0.135	0.128
	其中	普工	工日	0.147	0.096	0.070	0.070
		一般技工	工日	0.097	0.073	0.054	0.047
		高级技工	工日	0.024	0.015	0.011	0.011
材料	聚氨酯底层涂料		kg	（0.791）	（0.374）	—	—
	聚氨酯面层涂料		kg	—	—	（0.442）	（0.332）
	聚氨酯涂料稀释剂		kg	0.281	0.128	0.128	0.145
	清洁剂		kg	0.168	—	—	—
	碎布		kg	0.085	—	—	—
	铁砂布 0#~2#		张	2.244	1.122	1.122	—
机械	汽车式起重机 25t		台班	0.005	0.005	0.005	—

计量单位：10m²

编　号			12-2-66	12-2-67	12-2-68	12-2-69
项　目			大型型钢钢结构			
			底涂层		中间涂层	面涂层
			两遍	增一遍	每一遍	
名　称		单位	消　耗　量			
人工	合计工日	工日	0.475	0.303	0.226	0.226
	其中 普工	工日	0.261	0.167	0.124	0.124
	一般技工	工日	0.172	0.110	0.082	0.082
	高级技工	工日	0.042	0.026	0.020	0.020
材料	聚氨酯底层涂料	kg	（1.920）	（0.960）	—	—
	聚氨酯面层涂料	kg	—	—	（0.832）	（1.136）
	聚氨酯涂料稀释剂	kg	0.672	0.336	0.344	0.360
	清洁剂	kg	0.432	—	—	—
	碎布	kg	0.192	—	—	—
	铁砂布 0#~2#	张	5.760	2.880	2.880	—
机械	汽车式起重机 25t	台班	0.008	0.008	0.008	—

六、环氧－酚醛树脂涂料

工作内容: 运料、表面清洗、调配、涂刷。

计量单位:10m²

编　号			12-2-70	12-2-71	12-2-72
项　目			设备		
			底涂层		面涂层
			两遍	增一遍	每一遍
名　称		单位	消耗量		
人工	合计工日	工日	0.501	0.267	0.180
	其中 普工	工日	0.275	0.147	0.099
	一般技工	工日	0.182	0.097	0.065
	高级技工	工日	0.044	0.023	0.016
材料	环氧酚醛树脂涂料	kg	(3.169)	(1.486)	(1.451)
	专用稀释剂	kg	1.000	0.480	0.380
	T31 固化剂	kg	(0.170)	(0.080)	(0.090)
	清洁剂	kg	0.450	—	—
	碎布	kg	0.200	—	—
	铁砂布 0#~2#	张	6.000	3.000	—

计量单位:10m²

编　号			12-2-73	12-2-74	12-2-75
项　目			管道		
			底涂层		面涂层
			两遍	增一遍	每一遍
名　称		单位	消耗量		
人工	合计工日	工日	0.920	0.461	0.331
	其中 普工	工日	0.506	0.253	0.180
	一般技工	工日	0.334	0.168	0.120
	高级技工	工日	0.080	0.040	0.031
材料	环氧酚醛树脂涂料	kg	(4.130)	(1.870)	(1.810)
	专用稀释剂	kg	1.140	0.560	0.410
	T31 固化剂	kg	(0.220)	(0.110)	(0.120)
	清洁剂	kg	0.495	—	—
	碎布	kg	0.200	—	—
	铁砂布 0#~2#	张	3.000	1.500	—

计量单位：100kg

编　号			12-2-76	12-2-77	12-2-78
项　目			一般钢结构		
			底涂层		面涂层
			两遍	增一遍	每一遍
名　称		单位	消　耗　量		
人工	合计工日	工日	0.405	0.214	0.145
	其中 普工	工日	0.222	0.116	0.080
	一般技工	工日	0.147	0.079	0.053
	高级技工	工日	0.036	0.019	0.012
材料	环氧酚醛树脂涂料	kg	（1.870）	（0.880）	（0.860）
	专用稀释剂	kg	0.600	0.290	0.220
	T31 固化剂	kg	（0.100）	（0.050）	（0.050）
	清洁剂	kg	0.261	—	—
	碎布	kg	0.120	—	—
	铁砂布 0#~2#	张	3.480	1.450	—
机械	汽车式起重机 25t	台班	0.005	0.005	—

计量单位：100kg

编　号			12-2-79	12-2-80	12-2-81
项　目			管廊钢结构		
			底涂层		面涂层
			两遍	增一遍	每一遍
名　称		单位	消　耗　量		
人工	合计工日	工日	0.255	0.140	0.089
	其中 普工	工日	0.140	0.077	0.050
	一般技工	工日	0.093	0.052	0.032
	高级技工	工日	0.022	0.011	0.007
材料	环氧酚醛树脂涂料	kg	（1.080）	（0.525）	（0.516）
	专用稀释剂	kg	0.360	0.172	0.133
	T31 固化剂	kg	（0.055）	（0.031）	（0.031）
	清洁剂	kg	0.168	—	—
	碎布	kg	0.077	—	—
	铁砂布 0#~2#	张	1.870	0.935	—
机械	汽车式起重机 25t	台班	0.005	0.005	—

计量单位：10m²

编　号			12-2-82	12-2-83	12-2-84
项　目			大型型钢钢结构		
			底涂层		面涂层
			两遍	增一遍	每一遍
名　称		单位	消　耗　量		
合计工日		工日	0.447	0.240	0.162
人工	其中 普工	工日	0.245	0.132	0.089
	一般技工	工日	0.162	0.086	0.060
	高级技工	工日	0.040	0.022	0.013
材料	环氧酚醛树脂涂料	kg	（2.952）	（1.376）	（1.352）
	专用稀释剂	kg	0.960	0.464	0.368
	T31 固化剂	kg	（0.160）	（0.080）	（0.088）
	清洁剂	kg	0.432	—	—
	碎布	kg	0.192	—	—
	铁砂布 0#～2#	张	5.760	2.880	—
机械	汽车式起重机 25t	台班	0.008	0.008	—

七、冷固环氧树脂涂料

工作内容: 运料、表面清洗、调配、涂刷。 计量单位:10m²

编　号				12-2-85	12-2-86	12-2-87
项　目				设备		
				底涂层		面涂层
				两遍	增一遍	每一遍
名　称			单位	消　耗　量		
人工	合计工日		工日	0.507	0.267	0.180
	其中	普工	工日	0.278	0.147	0.099
		一般技工	工日	0.184	0.097	0.066
		高级技工	工日	0.045	0.023	0.015
材料	冷固环氧树脂涂料		kg	(3.449)	(1.616)	(1.451)
	专用稀释剂		kg	1.000	0.480	0.380
	T31 固化剂		kg	(0.200)	(0.090)	(0.100)
	清洁剂		kg	0.450	—	—
	碎布		kg	0.200	—	—
	铁砂布 0#~2#		张	6.000	3.000	

计量单位:10m²

编　号				12-2-88	12-2-89	12-2-90
项　目				管道		
				底涂层		面涂层
				两遍	增一遍	每一遍
名　称			单位	消　耗　量		
人工	合计工日		工日	0.927	0.471	0.336
	其中	普工	工日	0.509	0.253	0.185
		一般技工	工日	0.337	0.176	0.122
		高级技工	工日	0.081	0.042	0.029
材料	冷固环氧树脂涂料		kg	(3.770)	(2.000)	(1.820)
	专用稀释剂		kg	1.130	0.550	0.580
	T31 固化剂		kg	(0.250)	(0.120)	(0.130)
	清洁剂		kg	0.495	—	—
	碎布		kg	0.200	—	—
	铁砂布 0#~2#		张	6.000	—	—

计量单位：100kg

编　号			12-2-91	12-2-92	12-2-93
项　目			一般钢结构		
			底涂层		面涂层
			两遍	增一遍	每一遍
名　称		单位	消　耗　量		
人工	合计工日	工日	0.413	0.222	0.145
	其中 普工	工日	0.226	0.121	0.080
	一般技工	工日	0.150	0.081	0.053
	高级技工	工日	0.037	0.020	0.012
材料	冷固环氧树脂涂料	kg	（1.990）	（0.920）	（0.850）
	专用稀释剂	kg	0.590	0.280	0.300
	T31 固化剂	kg	（0.120）	（0.060）	（0.060）
	清洁剂	kg	0.261	—	—
	碎布	kg	0.120	—	—
	铁砂布 0#~2#	张	3.480	1.740	—
机械	汽车式起重机 25t	台班	0.005	0.005	—

计量单位：100kg

编　号			12-2-94	12-2-95	12-2-96
项　目			管廊钢结构		
			底涂层		面涂层
			两遍	增一遍	每一遍
名　称		单位	消　耗　量		
人工	合计工日	工日	0.261	0.140	0.096
	其中 普工	工日	0.142	0.077	0.052
	一般技工	工日	0.096	0.052	0.035
	高级技工	工日	0.023	0.011	0.009
材料	冷固环氧树脂涂料	kg	（1.181）	（0.548）	（0.500）
	专用稀释剂	kg	0.352	0.165	0.180
	T31 固化剂	kg	（0.071）	（0.040）	（0.040）
	清洁剂	kg	0.168	—	—
	碎布	kg	0.077	—	—
	铁砂布 0#~2#	张	2.244	1.122	—
机械	汽车式起重机 25t	台班	0.005	0.005	—

计量单位：10m²

编　　号				12-2-97	12-2-98	12-2-99
项　　目				大型型钢钢结构		
				底涂层		面涂层
				两遍	增一遍	每一遍
名　　称			单位	消　耗　量		
人工	合计工日		工日	0.455	0.241	0.164
	其中	普工	工日	0.250	0.132	0.090
		一般技工	工日	0.165	0.087	0.060
		高级技工	工日	0.040	0.022	0.014
材料	冷固环氧树脂涂料		kg	（3.216）	（1.504）	（1.344）
	专用稀释剂		kg	0.960	0.464	0.368
	T31 固化剂		kg	（0.192）	（0.088）	（0.096）
	清洁剂		kg	0.432	—	—
	碎布		kg	0.192	—	—
	铁砂布 0#~2#		张	5.760	2.880	—
机械	汽车式起重机 25t		台班	0.008	0.008	—

八、环氧－呋喃树脂涂料

工作内容：运料、表面清洗、调配、涂刷。

计量单位：10m²

编　号		12-2-100	12-2-101	12-2-102
项　目		设备		
		底涂层		面涂层
		两遍	增一遍	每一遍
名　称	单位	消　耗　量		
人工 合计工日	工日	0.512	0.274	0.182
其中 普工	工日	0.281	0.151	0.100
一般技工	工日	0.186	0.099	0.066
高级技工	工日	0.045	0.024	0.016
材料 环氧－呋喃树脂稀释剂	kg	（0.647）	（0.341）	（0.309）
环氧－呋喃树脂涂料固化剂	kg	（0.484）	（0.255）	（0.230）
环氧－呋喃树脂涂料	kg	（3.880）	（2.042）	（1.847）
清洁剂	kg	0.450	—	—
碎布	kg	0.200	—	—
铁砂布 0#~2#	张	6.000	3.000	

计量单位：10m²

编　号		12-2-103	12-2-104	12-2-105
项　目		管道		
		底涂层		面涂层
		两遍	增一遍	每一遍
名　称	单位	消　耗　量		
人工 合计工日	工日	0.920	0.466	0.341
其中 普工	工日	0.505	0.256	0.187
一般技工	工日	0.334	0.169	0.124
高级技工	工日	0.081	0.041	0.030
材料 环氧－呋喃树脂稀释剂	kg	（0.621）	（0.327）	（0.297）
环氧－呋喃树脂涂料固化剂	kg	（0.465）	（0.245）	（0.211）
环氧－呋喃树脂涂料	kg	（3.725）	（1.960）	（1.773）
清洁剂	kg	0.495	—	—
碎布	kg	0.200	—	—
铁砂布 0#~2#	张	0.220	0.110	—

计量单位:100kg

编　号			12-2-106	12-2-107	12-2-108
项　目			一般钢结构		
			底涂层		面涂层
			两遍	增一遍	每一遍
名　称		单位	消　耗　量		
人工	合计工日		工日	0.417	0.224	0.146
	其中	普工	工日	0.229	0.123	0.080
		一般技工	工日	0.151	0.081	0.053
		高级技工	工日	0.037	0.020	0.013
材料	环氧-呋喃树脂涂料		kg	（2.143）	（1.128）	（1.020）
	环氧-呋喃树脂涂料固化剂		kg	（0.267）	（0.141）	（0.127）
	环氧-呋喃树脂稀释剂		kg	（0.358）	（0.188）	（0.170）
	清洁剂		kg	0.234	—	—
	碎布		kg	0.120	—	—
	铁砂布 0#~2#		张	3.480	1.740	—
机械	汽车式起重机 25t		台班	0.005	0.005	—

计量单位:100kg

编　号			12-2-109	12-2-110	12-2-111
项　目			管廊钢结构		
			底涂层		面涂层
			两遍	增一遍	每一遍
名　称		单位	消　耗　量		
人工	合计工日		工日	0.268	0.142	0.097
	其中	普工	工日	0.147	0.078	0.053
		一般技工	工日	0.097	0.051	0.036
		高级技工	工日	0.024	0.013	0.008
材料	环氧-呋喃树脂稀释剂		kg	（0.210）	（0.110）	（0.100）
	环氧-呋喃树脂涂料固化剂		kg	（0.157）	（0.083）	（0.745）
	环氧-呋喃树脂涂料		kg	（1.258）	（0.663）	（0.599）
	清洁剂		kg	0.151	—	—
	碎布		kg	0.077	—	—
	铁砂布 0#~2#		张	2.244	1.122	
机械	汽车式起重机 25t		台班	0.005	0.005	—

计量单位：10m²

编　号			12-2-112	12-2-113	12-2-114
项　目			大型型钢钢结构		
			底涂层		面涂层
			两遍	增一遍	每一遍
名　称		单位	消　耗　量		
合计工日		工日	0.460	0.242	0.165
人工	其中 普工	工日	0.253	0.133	0.090
	一般技工	工日	0.167	0.088	0.060
	高级技工	工日	0.040	0.021	0.015
材料	环氧 – 呋喃树脂稀释剂	kg	（0.671）	（0.354）	（0.320）
	环氧 – 呋喃树脂涂料固化剂	kg	（0.502）	（0.264）	（0.238）
	环氧 – 呋喃树脂涂料	kg	（4.023）	（2.117）	（1.915）
	清洁剂	kg	0.432	—	—
	碎布	kg	0.192	—	—
	铁砂布 0#～2#	张	5.760	2.880	—
机械	汽车式起重机 25t	台班	0.008	0.008	—

九、酚醛树脂涂料

工作内容:运料、表面清洗、调配、涂刷。

计量单位:10m²

编　号			12-2-115	12-2-116	12-2-117	12-2-118
项　目			设备			
			底涂层		中间涂层	面涂层
			两遍	增一遍	每一遍	
名　称		单位	消　耗　量			
人工	合计工日	工日	0.637	0.343	0.278	0.227
	其中 普工	工日	0.350	0.188	0.153	0.124
	一般技工	工日	0.231	0.125	0.101	0.083
	高级技工	工日	0.056	0.030	0.024	0.020
材料	酚醛树脂涂料	kg	(3.044)	(1.424)	(1.140)	(1.258)
	酚醛树脂稀释剂	kg	0.970	0.470	0.350	0.320
	苯磺酰氯	kg	(0.190)	(0.090)	(0.080)	(0.100)
	清洁剂	kg	0.450	—	—	—
	碎布	kg	0.200	—	—	—
	铁砂布 0#~2#	张	6.000	3.000	1.500	—

计量单位:10m²

编　号			12-2-119	12-2-120	12-2-121	12-2-122
项　目			管道			
			底涂层		中间涂层	面涂层
			两遍	增一遍	每一遍	
名　称		单位	消　耗　量			
人工	合计工日	工日	1.190	0.600	0.467	0.432
	其中 普工	工日	0.650	0.325	0.257	0.237
	一般技工	工日	0.436	0.223	0.169	0.157
	高级技工	工日	0.104	0.052	0.041	0.038
材料	酚醛树脂涂料	kg	(3.760)	(1.750)	(1.400)	(1.570)
	酚醛树脂稀释剂	kg	1.100	0.530	0.430	0.330
	苯磺酰氯	kg	(0.240)	(0.110)	(0.100)	(0.130)
	清洁剂	kg	0.495	—	—	—
	碎布	kg	0.200	—	—	—
	铁砂布 0#~2#	张	0.220	0.110	0.050	—

计量单位：100kg

编　号			12-2-123	12-2-124	12-2-125	12-2-126
项　目			一般钢结构			
			底涂层		中间涂层	面涂层
			两遍	增一遍	每一遍	
名　称		单位	消　耗　量			
人工	合计工日		工日	0.519	0.284	0.227	0.195
	其中	普工	工日	0.285	0.156	0.124	0.107
		一般技工	工日	0.188	0.103	0.083	0.071
		高级技工	工日	0.046	0.025	0.020	0.017
材料	酚醛树脂涂料		kg	（1.750）	（0.810）	（0.640）	（0.700）
	酚醛树脂稀释剂		kg	0.570	0.270	0.200	0.180
	苯磺酰氯		kg	（0.110）	（0.050）	（0.050）	（0.060）
	清洁剂		kg	0.261	—	—	—
	碎布		kg	0.120	—	—	—
	铁砂布 0#~2#		张	3.480	1.740	0.870	—
机械	汽车式起重机 25t		台班	0.005	0.005	0.005	—

计量单位：100kg

编　号			12-2-127	12-2-128	12-2-129	12-2-130
项　目			管廊钢结构			
			底涂层		中间涂层	面涂层
			两遍	增一遍	每一遍	
名　称		单位	消　耗　量			
人工	合计工日		工日	0.325	0.182	0.142	0.121
	其中	普工	工日	0.178	0.100	0.078	0.066
		一般技工	工日	0.118	0.066	0.051	0.044
		高级技工	工日	0.029	0.016	0.013	0.011
材料	酚醛树脂涂料		kg	（1.041）	（0.477）	（0.375）	（0.422）
	酚醛树脂稀释剂		kg	0.337	0.156	0.133	0.109
	苯磺酰氯		kg	（0.063）	（0.031）	（0.031）	（0.040）
	清洁剂		kg	0.168	—	—	—
	碎布		kg	0.077	—	—	—
	铁砂布 0#~2#		张	2.236	1.122	0.561	—
机械	汽车式起重机 25t		台班	0.005	0.005	0.005	—

计量单位：10m²

编　号			12-2-131	12-2-132	12-2-133	12-2-134
项　目			大型型钢钢结构			
			底涂层		中间涂层	面涂层
			两遍	增一遍	每一遍	
名　称		单位	消　耗　量			
人工	合计工日	工日	0.571	0.308	0.251	0.204
	其中 普工	工日	0.314	0.169	0.138	0.112
	一般技工	工日	0.207	0.112	0.091	0.074
	高级技工	工日	0.050	0.027	0.022	0.018
材料	酚醛树脂涂料	kg	（2.832）	（1.328）	（1.056）	（1.160）
	酚醛树脂稀释剂	kg	0.928	0.448	0.336	0.304
	苯磺酰氯	kg	（0.184）	（0.088）	（0.080）	（0.096）
	清洁剂	kg	0.432	—	—	—
	碎布	kg	0.192	—	—	—
	铁砂布 0#~2#	张	5.760	2.880	1.440	—
机械	汽车式起重机 25t	台班	0.008	0.008	0.008	—

十、氯磺化聚乙烯涂料

工作内容： 运料、表面清洗、调配、涂刷。

计量单位：10m²

编　号			12-2-135	12-2-136	12-2-137
项　目			设备		
			底涂层	中间涂层	面涂层
			每一遍		
名　称		单位	消　耗　量		
人工	合计工日	工日	0.667	0.544	0.486
	其中 普工	工日	0.366	0.299	0.267
	一般技工	工日	0.242	0.197	0.176
	高级技工	工日	0.059	0.048	0.043
材料	氯磺化聚乙烯涂料	kg	（2.288）	（2.080）	（1.768）
	氯磺化聚乙烯涂料稀释剂	kg	0.540	0.520	0.540
	清洁剂	kg	0.450	—	—
	碎布	kg	0.200	—	—
	铁砂布 0#~2#	张	0.220	—	—

计量单位：10m²

编　号			12-2-138	12-2-139	12-2-140
项　目			管道		
			底涂层	中间涂层	面涂层
			每一遍		
名　称		单位	消　耗　量		
人工	合计工日	工日	1.125	0.920	0.825
	其中 普工	工日	0.618	0.505	0.453
	一般技工	工日	0.408	0.334	0.299
	高级技工	工日	0.099	0.081	0.073
材料	氯磺化聚乙烯涂料	kg	（2.350）	（2.000）	（1.700）
	氯磺化聚乙烯涂料稀释剂	kg	0.550	0.520	0.540
	清洁剂	kg	0.450	—	—
	碎布	kg	0.200	—	—
	铁砂布 0#～2#	张	0.220	—	—

计量单位：100kg

编　号			12-2-141	12-2-142	12-2-143
项　目			一般钢结构		
			底涂层	中间涂层	面涂层
			每一遍		
名　称		单位	消　耗　量		
人工	合计工日	工日	0.536	0.439	0.390
	其中 普工	工日	0.295	0.241	0.214
	一般技工	工日	0.194	0.159	0.142
	高级技工	工日	0.047	0.039	0.034
材料	氯磺化聚乙烯涂料	kg	（1.280）	（1.160）	（0.990）
	氯磺化聚乙烯涂料稀释剂	kg	0.310	0.300	0.310
	清洁剂	kg	0.261	—	—
	碎布	kg	0.120	—	—
	铁砂布 0#～2#	张	0.130	—	—
机械	汽车式起重机 25t	台班	0.005	0.005	—

计量单位：100kg

编　号			12-2-144	12-2-145	12-2-146
项　目			管廊钢结构		
			底涂层	中间涂层	面涂层
			每一遍		
名　称		单位	消　耗　量		
人工	合计工日	工日	0.337	0.277	0.249
	其中　普工	工日	0.185	0.152	0.137
	一般技工	工日	0.122	0.101	0.090
	高级技工	工日	0.030	0.024	0.022
材料	氯磺化聚乙烯涂料	kg	（0.766）	（0.688）	（0.587）
	氯磺化聚乙烯涂料稀释剂	kg	0.188	0.180	0.188
	清洁剂	kg	0.168	—	—
	碎布	kg	0.077	—	—
	铁砂布 0#~2#	张	0.085		
机械	汽车式起重机 25t	台班	0.005	0.005	—

计量单位：10m²

编　号			12-2-147	12-2-148	12-2-149
项　目			大型型钢钢结构		
			底涂层	中间涂层	面涂层
			每一遍		
名　称		单位	消　耗　量		
人工	合计工日	工日	0.598	0.489	0.437
	其中　普工	工日	0.328	0.268	0.241
	一般技工	工日	0.217	0.178	0.158
	高级技工	工日	0.053	0.043	0.038
材料	氯磺化聚乙烯涂料	kg	（2.112）	（1.920）	（1.632）
	氯磺化聚乙烯涂料稀释剂	kg	0.520	0.496	0.152
	清洁剂	kg	0.432	—	—
	碎布	kg	0.192	—	—
	铁砂布 0#~2#	张	0.208	—	—
机械	汽车式起重机 25t	台班	0.008	0.008	

十一、过氯乙烯涂料

工作内容：运料、表面清洗、刷涂和喷涂。

计量单位：10m²

编 号			12-2-150	12-2-151	12-2-152	12-2-153	12-2-154
项 目			设备				
			磷化底涂层	喷底涂层		喷中间涂层	喷面涂层
			一遍	两遍	增一遍	每一遍	
名 称		单位	消 耗 量				
人工	合计工日	工日	0.388	0.162	0.090	0.122	0.056
	其中 普工	工日	0.213	0.089	0.049	0.067	0.031
	一般技工	工日	0.141	0.059	0.033	0.044	0.020
	高级技工	工日	0.034	0.014	0.008	0.011	0.005
材料	过氯乙烯涂料稀释剂	kg	—	(1.540)	(0.770)	(1.320)	(0.550)
	磷化底涂料	kg	(1.373)	—	—	—	—
	过氯乙烯底层涂料	kg	—	(1.540)	(0.770)	—	—
	过氯乙烯中间层涂料	kg	—	—	—	(1.320)	—
	过氯乙烯面层涂料	kg	—	—	—	—	(0.550)
	专用稀释剂	kg	0.280	—	—	—	—
	清洁剂	kg	0.450	—	—	—	—
	碎布	kg	0.200	—	—	—	—
	铁砂布 0#~2#	张	3.000	3.000	1.500	—	—
机械	电动空气压缩机 3m³/min	台班	—	0.200	0.100	0.160	0.080

计量单位：10m²

编　号			12-2-155	12-2-156	12-2-157	12-2-158	12-2-159
项　目			管道				
			磷化底涂层	喷底涂层		喷中间涂层	喷面涂层
			一遍	两遍	增一遍	每一遍	
名　称		单位	消　耗　量				
人工	合计工日	工日	0.548	0.187	0.098	0.146	0.082
	其中　普工	工日	0.301	0.103	0.053	0.080	0.045
	一般技工	工日	0.199	0.068	0.036	0.053	0.030
	高级技工	工日	0.048	0.016	0.009	0.013	0.007
材料	磷化底涂料	kg	（1.680）	—	—	—	—
	过氯乙烯涂料稀释剂	kg	—	1.960	0.980	1.820	0.720
	过氯乙烯底层涂料	kg	—	（1.960）	（0.980）	—	—
	过氯乙烯中间层涂料	kg	—	—	—	（1.820）	—
	过氯乙烯面层涂料	kg	—	—	—	—	（0.720）
	专用稀释剂	kg	0.360	—	—	—	—
	清洁剂	kg	0.495	—	—	—	—
	碎布	kg	0.200	—	—	—	—
	铁砂布 0#~2#	张	0.220	0.110	—	—	—
机械	电动空气压缩机 3m³/min	台班	—	0.240	0.120	0.190	0.090

计量单位：100kg

编　　号			12-2-160	12-2-161	12-2-162	12-2-163	12-2-164
项　　目			一般钢结构				
			磷化底涂层	喷底涂层		喷中间涂层	喷面涂层
			每一遍	两遍	每一遍		增一遍
名　　称		单位	消　耗　量				
人工	合计工日	工日	0.317	0.106	0.049	0.073	0.041
	其中 普工	工日	0.174	0.058	0.027	0.040	0.022
	一般技工	工日	0.115	0.039	0.018	0.027	0.015
	高级技工	工日	0.028	0.009	0.004	0.006	0.004
材料	过氯乙烯涂料稀释剂	kg	—	（0.900）	（0.460）	（0.770）	（0.320）
	磷化底漆 X06-1	kg	（0.770）	—	—	—	—
	过氯乙烯底层涂料	kg	—	（0.900）	（0.460）	—	—
	过氯乙烯中间层涂料	kg	—	—	—	（0.770）	—
	过氯乙烯面层涂料	kg	—	—	—	—	（0.320）
	丁醇 95%	kg	0.120	—	—	—	—
	酒精 工业用 99.5%	kg	0.040	—	—	—	—
	清洁剂	kg	0.261	—	—	—	—
	碎布	kg	0.120	—	—	—	—
	铁砂布 0#～2#	张	1.740	1.740	—	—	—
机械	汽车式起重机 25t	台班	0.005	0.005	0.005	0.005	—
	电动空气压缩机 3m³/min	台班	—	0.130	0.060	0.090	0.050

计量单位: 100kg

编 号			12-2-165	12-2-166	12-2-167	12-2-168	12-2-169
项 目			管廊钢结构				
			磷化底涂层	喷底涂层		喷中间涂层	喷面涂层
			每一遍	两遍	增一遍	每一遍	
名 称		单位	消 耗 量				
人工	合计工日	工日	0.197	0.068	0.034	0.048	0.027
	其中 普工	工日	0.108	0.037	0.018	0.026	0.014
	一般技工	工日	0.072	0.025	0.013	0.017	0.010
	高级技工	工日	0.017	0.006	0.003	0.005	0.003
材料	过氯乙烯涂料稀释剂	kg	—	（0.532）	（0.266）	（0.454）	（0.188）
	磷化底漆 X06-1	kg	（0.454）	—	—	—	—
	过氯乙烯底层涂料	kg	—	（0.532）	（0.266）	—	—
	过氯乙烯中间层涂料	kg	—	—	—	（0.454）	—
	过氯乙烯面层涂料	kg	—	—	—	—	（0.188）
	丁醇 95%	kg	0.077	—	—	—	—
	酒精 工业用 99.5%	kg	0.026	—	—	—	—
	清洁剂	kg	0.168	—	—	—	—
	碎布	kg	0.077	—	—	—	—
	铁砂布 0#~2#	张	1.131	1.131	—	—	—
机械	汽车式起重机 25t	台班	0.005	0.005	0.005	0.005	—
	电动空气压缩机 3m³/min	台班	—	0.111	0.051	0.077	0.043

计量单位：10m²

编　号			12-2-170	12-2-171	12-2-172	12-2-173	12-2-174
项　目			大型型钢钢结构				
			磷化底涂层	喷底涂层		喷中间涂层	喷面涂层
			每一遍	两遍	增一遍	每一遍	
名　称		单位	消　耗　量				
人工	合计工日	工日	0.346	0.312	0.097	0.135	0.060
	其中 普工	工日	0.190	0.098	0.053	0.074	0.034
	一般技工	工日	0.126	0.064	0.036	0.049	0.021
	高级技工	工日	0.030	0.150	0.008	0.012	0.005
材料	磷化底涂料	kg	（1.264）	—	—	—	—
	过氯乙烯涂料稀释剂	kg	—	（1.741）	（0.866）	（1.487）	（0.621）
	过氯乙烯底层涂料	kg	—	（1.741）	（0.866）	—	—
	过氯乙烯中间层涂料	kg	—	—	—	（1.487）	—
	过氯乙烯面层涂料	kg	—	—	—	—	（0.621）
	丁醇 95%	kg	0.200	—	—	—	—
	酒精 工业用 99.5%	kg	0.064	—	—	—	—
	清洁剂	kg	0.432	—	—	—	—
	碎布	kg	0.192	—	—	—	—
	铁砂布 0#～2#	张	2.880	3.388	1.694	—	—
机械	汽车式起重机 25t	台班	0.008	0.008	0.008	0.008	—
	电动空气压缩机 3m³/min	台班	—	0.226	0.113	0.179	0.094

十二、环氧银粉涂料

工作内容：运料、表面清洗、配置、涂刷。

编　　号			12-2-175	12-2-176	12-2-177	12-2-178	12-2-179
项　　目			设备	管道	一般钢结构	管廊钢结构	大型型钢钢结构
			面涂层				
			每一遍				
			10m²		100kg		10m²
名　　称		单位	消　耗　量				
合计工日		工日	0.180	0.337	0.145	0.096	0.162
人工	其中 普工	工日	0.099	0.185	0.080	0.052	0.090
	一般技工	工日	0.066	0.122	0.053	0.034	0.058
	高级技工	工日	0.015	0.030	0.012	0.010	0.014
材料	环氧银粉涂料	kg	（1.731）	（2.190）	（1.000）	（0.594）	（1.608）
	专用稀释剂	kg	0.380	0.420	0.220	0.134	0.368
	T31 固化剂	kg	（0.090）	（0.140）	（0.060）	（0.040）	（0.088）
机械	汽车式起重机 25t	台班	—	—	—	—	0.005

十三、红丹环氧防锈涂料、环氧面层涂料

工作内容： 运料、表面清洗、配置、涂刷。　　　　　　　　　　　　　　　　计量单位：10m²

编　号				12-2-180	12-2-181	12-2-182
项　目				设备		
				底涂层		面涂层
				两遍	增一遍	每一遍
名　称			单位	消耗量		
人工	合计工日		工日	0.544	0.284	0.197
	其中	普工	工日	0.299	0.156	0.108
		一般技工	工日	0.197	0.103	0.072
		高级技工	工日	0.048	0.025	0.017
材料	红丹环氧防锈涂料		kg	（3.598）	（1.768）	—
	环氧面层涂料		kg	—	—	（1.560）
	专用稀释剂		kg	1.000	0.480	0.390
	T31 固化剂		kg	（0.100）	（0.050）	（0.060）
	清洁剂		kg	0.450	0.210	—
	碎布		kg	0.200	0.100	—
	铁砂布 0#~2#		张	6.000	3.000	

计量单位：10m²

编　号			12-2-183	12-2-184	12-2-185
项　目			管道		
			底涂层		面涂层
			两遍	增一遍	每一遍
名　称		单位	消　耗　量		
人工	合计工日	工日	0.994	0.490	0.343
	其中 普工	工日	0.546	0.269	0.189
	一般技工	工日	0.361	0.178	0.124
	高级技工	工日	0.087	0.043	0.030
材料	红丹环氧防锈涂料	kg	（3.970）	（2.070）	—
	环氧面层涂料	kg	—	—	（1.880）
	专用稀释剂	kg	1.130	0.550	0.580
	T31 固化剂	kg	（0.140）	（0.070）	（0.070）
	清洁剂	kg	0.495	0.240	—
	碎布	kg	0.200	0.100	—
	铁砂布 0#~2#	张	6.000	3.000	—

计量单位：100kg

编　号			12-2-186	12-2-187	12-2-188
项　目			一般钢结构		
			底涂层		面涂层
			两遍	增一遍	每一遍
名　　称		单位	消　耗　量		
人工	合计工日	工日	0.446	0.227	0.162
	其中	普工	工日	0.245	0.124	0.089
		一般技工	工日	0.162	0.083	0.059
		高级技工	工日	0.039	0.020	0.014
材料	红丹环氧防锈涂料	kg	（2.050）	（1.090）	—
	环氧面层涂料	kg	—	—	（0.920）
	T31 固化剂	kg	（0.080）	（0.050）	（0.030）
	清洁剂	kg	0.264	0.123	—
	碎布	kg	0.120	0.100	—
	铁砂布 0# ~ 2#	张	4.000	2.000	—
	专用稀释剂	kg	0.630	—	0.290
机械	汽车式起重机 25t	台班	0.005	0.005	—

计量单位：100kg

编　号		12-2-189	12-2-190	12-2-191
项　目		管廊钢结构		
		底涂层		面涂层
		两遍	增一遍	每一遍
名　称	单位	消　耗　量		
人工 合计工日	工日	0.284	0.149	0.102
人工 其中 普工	工日	0.156	0.082	0.056
人工 其中 一般技工	工日	0.103	0.054	0.037
人工 其中 高级技工	工日	0.025	0.013	0.009
材料 红丹环氧防锈涂料	kg	（1.213）	（0.587）	—
材料 环氧面层涂料	kg	—	—	（0.509）
材料 专用稀释剂	kg	0.408	0.200	0.187
材料 T31 固化剂	kg	（0.047）	（0.031）	（0.016）
材料 清洁剂	kg	0.171	0.079	—
材料 碎布	kg	0.077	0.043	—
材料 铁砂布 0#～2#	张	2.550	1.284	—
机械 汽车式起重机 25t	台班	0.005	0.005	—

计量单位: 10m²

编 号		12-2-192	12-2-193	12-2-194
项 目		大型型钢钢结构		
		底涂层		面涂层
		两遍	增一遍	每一遍
名 称	单位	消 耗 量		
合计工日	工日	0.490	0.255	0.186
人工 其中 普工	工日	0.268	0.140	0.097
一般技工	工日	0.178	0.092	0.072
高级技工	工日	0.044	0.023	0.017
材料 红丹环氧防锈涂料	kg	（3.320）	（1.632）	—
环氧面层涂料	kg	—	—	（1.440）
专用稀释剂	kg	0.960	0.464	0.376
T31 固化剂	kg	（0.096）	（0.048）	（0.056）
清洁剂	kg	0.432	0.202	—
碎布	kg	0.192	0.096	—
铁砂布 0#~2#	张	5.760	2.880	—
机械 汽车式起重机 25t	台班	0.008	0.008	—

十四、弹性聚氨酯涂料

工作内容： 运料、表面清洗、配置、涂刷。　　　　　　　　　　　　　　　　　　　计量单位：10m²

编　号			12-2-195	12-2-196	12-2-197	12-2-198
项　目			设备			
			底涂层		中间涂层	面涂层
			两遍	增一遍	每一遍	
名　称		单位	消　耗　量			
人工	合计工日	工日	0.875	0.388	0.326	0.326
	其中 普工	工日	0.481	0.213	0.179	0.179
	一般技工	工日	0.317	0.141	0.118	0.118
	高级技工	工日	0.077	0.034	0.029	0.029
材料	弹性聚氨酯底层涂料	kg	（3.299）	（1.545）	—	—
	弹性聚氨酯面层涂料	kg	—	—	（1.516）	（1.516）
	清洁剂	kg	0.450	0.210	—	—
	碎布	kg	0.200	0.100	0.110	0.110
	铁砂布 0#~2#	张	6.000	3.000	1.000	—
	醋酸乙酯	kg	—	—	1.500	1.500

计量单位：10m²

编　号			12-2-199	12-2-200	12-2-201	12-2-202
项　目			管道			
			底涂层		中间涂层	面涂层
			两遍	增一遍	每一遍	
名　称		单位	消　耗　量			
人工	合计工日	工日	1.359	0.641	0.571	0.571
	其中 普工	工日	0.747	0.353	0.314	0.314
	一般技工	工日	0.493	0.232	0.207	0.207
	高级技工	工日	0.119	0.056	0.050	0.050
材料	弹性聚氨酯底层涂料	kg	（4.080）	（1.870）	—	—
	弹性聚氨酯面层涂料	kg	—	—	（1.860）	（1.860）
	清洁剂	kg	0.573	0.270	—	—
	碎布	kg	0.230	0.100	0.110	0.110
	铁砂布 0#~2#	张	7.000	4.000	1.000	—
	醋酸乙酯	kg	—	—	1.940	1.910

计量单位：100kg

编　号			12-2-203	12-2-204	12-2-205	12-2-206
项　目			一般钢结构			
			底涂层		中间涂层	面涂层
			两遍	增一遍	每一遍	
名　称		单位	消　耗　量			
人工	合计工日		工日	0.714	0.317	0.268	0.260
	其中	普工	工日	0.392	0.174	0.147	0.143
		一般技工	工日	0.259	0.115	0.097	0.094
		高级技工	工日	0.063	0.028	0.024	0.023
材料	弹性聚氨酯底层涂料		kg	（1.850）	（0.870）	—	—
	弹性聚氨酯面层涂料		kg	—	—	（0.860）	（0.860）
	清洁剂		kg	0.261	0.123	—	—
	碎布		kg	0.130	0.060	0.070	0.060
	铁砂布 $0^{\#} \sim 2^{\#}$		张	3.480	1.740	0.580	—
	醋酸乙酯		kg	—	—	0.870	0.870
机械	汽车式起重机 25t		台班	0.005	0.005	0.005	—

计量单位：100kg

编　号			12-2-207	12-2-208	12-2-209	12-2-210
项　目			管廊钢结构			
			底涂层		中间涂层	面涂层
			两遍	增一遍	每一遍	
名　称		单位	消　耗　量			
人工	合计工日		工日	0.446	0.202	0.292	0.292
	其中	普工	工日	0.244	0.112	0.093	0.093
		一般技工	工日	0.162	0.073	0.049	0.049
		高级技工	工日	0.040	0.017	0.150	0.150
材料	弹性聚氨酯底层涂料		kg	（1.095）	（0.509）	—	—
	弹性聚氨酯面层涂料		kg	—	—	（0.509）	（0.501）
	清洁剂		kg	0.168	0.079	—	—
	碎布		kg	0.085	0.043	0.043	0.043
	铁砂布 $0^{\#} \sim 2^{\#}$		张	2.244	1.122	0.374	—
	醋酸乙酯		kg	—	—	0.561	0.561
机械	汽车式起重机 25t		台班	0.005	0.005	0.005	—

计量单位：10m²

编　号			12-2-211	12-2-212	12-2-213	12-2-214
项　目			大型型钢钢结构			
			底涂层		中间涂层	面涂层
			两遍	增一遍	每一遍	
名　称		单位	消　耗　量			
人工	合计工日		工日	0.784	0.346	0.290	0.290
	其中	普工	工日	0.431	0.190	0.160	0.160
		一般技工	工日	0.284	0.126	0.105	0.105
		高级技工	工日	0.069	0.030	0.025	0.025
材料	弹性聚氨酯底层涂料		kg	（3.064）	（1.424）	—	—
	弹性聚氨酯面层涂料		kg	—	—	（1.416）	（1.392）
	清洁剂		kg	0.432	0.202	—	—
	碎布		kg	0.192	0.096	0.104	0.104
	铁砂布 0#~2#		张	5.760	2.880	0.960	—
	醋酸乙酯		kg	—	—	1.440	1.440
机械	汽车式起重机 25t		台班	0.008	0.008	0.008	—

十五、乙烯基酯树脂涂料

工作内容：运料、表面清理、配置、涂刷。　　　　　　　　　　　　　　　　计量单位：10m²

编　号			12-2-215	12-2-216	12-2-217
项　目			设备		
			底涂层		面涂层
			两遍	增一遍	每一遍
名　称		单位	消　耗　量		
人工	合计工日		工日	0.735	0.394	0.260
	其中	普工	工日	0.404	0.216	0.143
		一般技工	工日	0.266	0.143	0.094
		高级技工	工日	0.065	0.035	0.023
材料	乙烯基酯树脂底层涂料		kg	（4.139）	（1.976）	—
	乙烯基酯树脂面层材料		kg	—	—	（2.080）
	固化剂		kg	（0.120）	（0.058）	（0.060）
	碎布		kg	0.200	0.100	0.100
	铁砂布 0#~2#		张	6.000	3.000	—

计量单位:10m²

编　号				12-2-218	12-2-219	12-2-220
项　目				管道		
				底涂层		面涂层
				两遍	增一遍	每一遍
名　称			单位	消　耗　量		
人工	合计工日		工日	1.359	0.680	0.497
	其中	普工	工日	0.747	0.373	0.273
		一般技工	工日	0.493	0.247	0.180
		高级技工	工日	0.119	0.060	0.044
材料	乙烯基酯树脂涂料		kg	（4.250）	（2.100）	（2.200）
	固化剂		kg	（0.128）	（0.063）	（0.066）
	碎布		kg	0.200	0.100	0.100
	铁砂布 0#~2#		张	6.000	3.000	—

十六、凉凉隔热胶

工作内容:运料、表面清理、配置、涂刷。　　　　　　　　　　　计量单位:10m²

编　号				12-2-221	12-2-222	12-2-223	12-2-224	12-2-225	12-2-226
项　目				设备外壁			管道外壁		
				底涂层	中间涂层	面涂层	底涂层	中间涂层	面涂层
				两遍 70μm	一遍 40μm	三遍 90μm	两遍 70μm	一遍 40μm	三遍 90μm
名　称			单位	消　耗　量					
人工	合计工日		工日	0.591	0.209	0.670	0.974	0.348	1.103
	其中	普工	工日	0.324	0.115	0.368	0.535	0.191	0.606
		一般技工	工日	0.215	0.076	0.243	0.353	0.126	0.400
		高级技工	工日	0.052	0.018	0.059	0.086	0.031	0.097
材料	凉凉隔热胶底层涂料		kg	（3.380）	—	—	（4.160）	—	—
	凉凉隔热胶中间层涂料		kg	—	（1.997）	—	—	（2.460）	—
	凉凉隔热胶面层涂料		kg	—	—	（4.566）	—	—	（5.620）

十七、环氧玻璃鳞片防锈涂料

工作内容：配料拌匀、涂刷。

编　号				12-2-227	12-2-228	12-2-229
项　目				设备	管道	一般钢结构
				底涂层		
				每一遍		
				10m²		100kg
名　称			单位	消　耗　量		
人工	合计工日		工日	0.295	0.451	0.240
	其中	普工	工日	0.162	0.248	0.132
		一般技工	工日	0.107	0.163	0.087
		高级技工	工日	0.026	0.040	0.021
材料	环氧玻璃鳞片涂料		kg	（4.576）	（4.700）	（2.319）
	环氧玻璃鳞片涂料稀释剂		kg	0.430	0.440	0.227
机械	汽车式起重机 25t		台班	—	—	0.006

十八、玻璃鳞片重防腐涂料

工作内容：配料拌匀、涂刷。　　　　　　　　　　　　　　　　　　　　计量单位：10m²

编　号				12-2-230	12-2-231	12-2-232
项　目				金属面（设备）		
				底涂层		面涂层
				两遍	增一遍	每一遍
名　称			单位	消　耗　量		
人工	合计工日		工日	0.663	0.349	0.229
	其中	普工	工日	0.364	0.192	0.126
		一般技工	工日	0.241	0.126	0.083
		高级技工	工日	0.058	0.031	0.020
材料	玻璃鳞片重防腐涂料		kg	（5.408）	（2.704）	（2.496）
	专用稀释剂		kg	1.190	0.580	0.580
	铁砂布 0#~2#		张	7.200	—	—

十九、无溶剂环氧涂料

工作内容: 运料、表面清理、调配、喷涂。　　　　　　　　　　　　　　　　　　计量单位:10m²

编　号				12-2-233	12-2-234
项　目				设备内壁	管道内壁 DN150~350mm
				干膜350μm	
名　称			单位	消　耗　量	
人工	合计工日		工日	0.703	0.563
	其中	普工	工日	0.332	0.485
		一般技工	工日	0.318	—
		高级技工	工日	0.053	0.078
材料	无溶剂环氧涂料		kg	(7.644)	(6.840)
	丙酮清洗剂		kg	1.470	1.370
机械	轴流通风机 7.5kW		台班	0.300	0.300
	电动空气压缩机 6m³/min		台班	0.200	0.200

二十、氯化橡胶类厚浆型防锈涂料

工作内容: 运料、表面清理、配置拌匀、涂刷。　　　　　　　　　　　　　　　　计量单位:10m²

编　号				12-2-235	12-2-236
项　目				氯化橡胶铝粉厚浆型	氯化橡胶铁红厚浆型
				管道	
				每一遍	
名　称			单位	消　耗　量	
人工	合计工日		工日	0.630	0.646
	其中	普工	工日	0.346	0.355
		一般技工	工日	0.229	0.234
		高级技工	工日	0.055	0.057
材料	氯化橡胶铝粉厚浆型防锈涂料		kg	(2.750)	—
	氯化橡胶铁红厚浆型防锈涂料		kg	—	(2.820)

计量单位：10m²

编　　号			12-2-237	12-2-238
项　目			氯化橡胶云铁厚浆型	氯化橡胶沥青厚浆型防锈涂层
			管道	
			每一遍	
名　　称		单位	消　耗　量	
人工	合计工日	工日	0.561	0.490
	其中 普工	工日	0.308	0.269
	一般技工	工日	0.204	0.178
	高级技工	工日	0.049	0.043
材料	氯化橡胶云铁厚浆型防锈涂料	kg	（2.330）	—
	氯化橡胶沥青厚浆型防锈涂料	kg	—	（2.070）

二十一、环氧富锌、云铁中间层涂料

工作内容： 运料、配置、拌匀、涂刷。

计量单位：10m²

编　　号			12-2-239	12-2-240
项　目			设备	
			环氧富锌底涂层	云铁中间涂层
			每一遍	
名　　称		单位	消　耗　量	
人工	合计工日	工日	0.227	0.295
	其中 普工	工日	0.124	0.162
	一般技工	工日	0.083	0.107
	高级技工	工日	0.020	0.026
材料	环氧富锌底层涂料	kg	（2.600）	—
	T31固化剂	kg	（0.500）	—
	专用稀释剂	kg	0.504	—
	氯化橡胶云铁中间层涂料	kg	—	（5.366）

计量单位：10m²

编　　号				12-2-241	12-2-242
项　　目				管道	
				环氧富锌底涂层	云铁中间涂层
				每一遍	
名　　称			单位	消　耗　量	
人工	合计工日		工日	0.364	0.466
	其中	普工	工日	0.200	0.256
		一般技工	工日	0.132	0.169
		高级技工	工日	0.032	0.041
材料	环氧富锌底层涂料		kg	（2.760）	—
	T31 固化剂		kg	（0.550）	—
	专用稀释剂		kg	0.560	—
	氯化橡胶云铁中间层涂料		kg	—	（5.930）

计量单位：100kg

编　　号				12-2-243	12-2-244
项　　目				一般钢结构	
				环氧富锌底涂层	云铁中间涂层
				每一遍	
名　　称			单位	消　耗　量	
人工	合计工日		工日	0.184	0.240
	其中	普工	工日	0.101	0.132
		一般技工	工日	0.067	0.087
		高级技工	工日	0.016	0.021
材料	环氧富锌底层涂料		kg	（1.318）	—
	T31 固化剂		kg	（0.264）	—
	专用稀释剂		kg	0.265	—
	氯化橡胶云铁中间层涂料		kg	—	（2.719）
机械	汽车式起重机 25t		台班	0.006	0.006

计量单位：100kg

编　号				12-2-245	12-2-246
项　目				管廊钢结构	
				环氧富锌底涂层	云铁中间涂层
				每一遍	
名　称			单位	消　耗　量	
人工	合计工日		工日	0.099	0.129
	其中	普工	工日	0.055	0.071
		一般技工	工日	0.036	0.047
		高级技工	工日	0.008	0.011
材料	环氧富锌底层涂料		kg	（0.719）	—
	T31 固化剂		kg	0.144	—
	专用稀释剂		kg	0.144	0.160
	氯化橡胶云铁中间层涂料		kg	—	（1.453）
机械	汽车式起重机 25t		台班	0.005	0.005

计量单位：10m²

编　号				12-2-247	12-2-248	12-2-249
项　目				大型型钢钢结构		铸铁管、暖气片刷油
				环氧富锌底涂层	云铁中间涂层	环氧富锌涂层
				每一遍		
名　称			单位	消　耗　量		
人工	合计工日		工日	0.174	0.227	0.380
	其中	普工	工日	0.096	0.124	0.209
		一般技工	工日	0.063	0.083	0.138
		高级技工	工日	0.015	0.020	0.033
材料	环氧富锌底层涂料		kg	（2.010）	—	（3.000）
	T31 固化剂		kg	（0.401）	（0.802）	（0.601）
	专用稀释剂		kg	0.401	0.802	0.601
	氯化橡胶云铁中间层涂料		kg	—	（4.058）	—
机械	汽车式起重机 25t		台班	0.008	0.008	—

二十二、环氧煤沥青防腐涂料

工作内容:运料、调配、涂刷、缠玻璃丝布。 计量单位:10m²

编　号			12-2-250	12-2-251	12-2-252
项　目			环氧煤沥青防腐		
			（增）一底	（增）一油	（增）一布
名　称		单位	消　耗　量		
人工	合计工日	工日	0.277	0.330	0.424
	其中 普工	工日	0.153	0.181	0.233
	一般技工	工日	0.100	0.120	0.154
	高级技工	工日	0.024	0.029	0.037
材料	环氧煤沥青面层涂料	kg	—	（2.800）	—
	环氧煤沥青底层涂料	kg	（2.500）	—	—
	玻璃布（综合）	m²	—	—	（14.000）
	专用稀释剂	kg	（0.180）	（0.200）	—
	T31 固化剂	kg	（0.200）	（0.260）	（0.780）
	煤油	kg	0.060	0.060	—

二十三、管道沥青玻璃布防腐

工作内容:施工准备、材料搬运、熬沥青、涂刷、缠玻璃丝布。 计量单位:10m²

编　号			12-2-253	12-2-254
项　目			管道沥青玻璃布防腐	
			（增）一油	（增）一布
名　称		单位	消　耗　量	
人工	合计工日	工日	0.395	0.424
	其中 普工	工日	0.217	0.233
	一般技工	工日	0.143	0.154
	高级技工	工日	0.035	0.037
材料	玻璃丝布	m²	—	（14.000）
	石油沥青 10#	kg	（22.500）	—
	煤	kg	3.200	—
	滑石粉	kg	10.000	—

二十四、聚氯乙烯缠绕带

工作内容：运料、配料、刷涂、涂底胶、缠绕胶带。　　　　　　　　　　　　计量单位：10m²

编　　号				12-2-255	12-2-256
项　　目				管道	
				底涂层（干膜220μm）	缠绕一层
				一遍	
名　　称			单位	消　耗　量	
人工	合计工日		工日	0.242	0.726
	其中	普工	工日	0.133	0.399
		一般技工	工日	0.088	0.263
		高级技工	工日	0.021	0.064
材料	聚氯乙烯缠绕带 H=200~250		m²	—	（12.000）
	氯磺化聚乙烯涂料		kg	（3.000）	—
机械	汽车式起重机 25t		台班	—	0.006

二十五、硅酸锌防腐蚀涂料

工作内容：运料、表面清洗、配置、喷涂。　　　　　　　　　　　　　　　计量单位：10m²

编　　号				12-2-257	12-2-258	12-2-259
项　　目				管道		
				底涂层	中间涂层	面涂层
				两遍	增一遍	每一遍
名　　称			单位	消　耗　量		
人工	合计工日		工日	1.673	0.687	0.628
	其中	普工	工日	0.920	0.378	0.345
		一般技工	工日	0.606	0.249	0.228
		高级技工	工日	0.147	0.060	0.055
材料	硅酸锌涂料		kg	（4.620）	（1.800）	（1.700）
	碎布		kg	0.200	0.100	0.100
	铁砂布 0#~2#		张	2.000	—	—
机械	轴流通风机 7.5kW		台班	0.240	0.190	0.190
	电动空气压缩机 3m³/min		台班	0.240	0.190	0.190

二十六、通用型仿瓷涂料

工作内容:运料、表面清洗、配置、涂刷。

计量单位:10m²

编　号			12-2-260	12-2-261	12-2-262	12-2-263	12-2-264	12-2-265
项　目			设备			管道		
			底涂层	中间涂层	面涂层	底涂层	中间涂层	面涂层
			每一遍					
名　称		单位	消　耗　量					
人工	合计工日	工日	0.596	0.527	0.515	0.863	0.724	0.703
	其中 普工	工日	0.328	0.290	0.283	0.474	0.397	0.386
	一般技工	工日	0.216	0.191	0.187	0.313	0.263	0.255
	高级技工	工日	0.052	0.046	0.045	0.076	0.064	0.062
材料	仿瓷涂料	kg	(2.080)	(1.976)	(1.872)	(2.200)	(1.900)	(1.900)
	固化剂	kg	(1.040)	(0.988)	(0.936)	(1.100)	(0.950)	(0.950)

二十七、TO 树脂漆涂料

工作内容:运料、表面清洗、搅拌、配置、涂刷。

计量单位:10m²

编　号			12-2-266	12-2-267	12-2-268
项　目			设备		
			底涂层		面涂层
			第一遍	增一遍	每一遍
名　称		单位	消　耗　量		
人工	合计工日	工日	0.300	0.291	0.291
	其中 普工	工日	0.165	0.160	0.160
	一般技工	工日	0.109	0.105	0.105
	高级技工	工日	0.026	0.026	0.026
材料	TO 树脂底漆	kg	(1.716)	(1.508)	—
	TO 树脂面层涂料	kg	—	—	(1.508)
	TO 树脂固化剂	kg	(0.177)	(0.156)	(0.156)
	氧化铁红	kg	0.170	0.150	0.150
	动力苯	kg	0.240	0.220	0.220

计量单位：10m²

编　号			12-2-269	12-2-270	12-2-271
项　目			管道		
			底涂层		面涂层
			第一遍	增一遍	每一遍
名　称		单位	消　耗　量		
人工	合计工日	工日	0.424	0.380	0.380
	其中 普工	工日	0.233	0.209	0.209
	一般技工	工日	0.154	0.138	0.138
	高级技工	工日	0.037	0.033	0.033
材料	TO树脂底层涂料	kg	（1.800）	（1.500）	—
	TO树脂面层涂料	kg	—	—	（1.500）
	TO树脂固化剂	kg	（0.180）	（0.150）	（0.150）
	氧化铁红	kg	0.180	0.150	0.150
	动力苯	kg	0.270	0.230	0.230

计量单位：100kg

编　号			12-2-272	12-2-273	12-2-274
项　目			一般钢结构		
			底涂层		面涂层
			第一遍	增一遍	每一遍
名　称		单位	消　耗　量		
人工	合计工日	工日	0.244	0.236	0.236
	其中 普工	工日	0.134	0.129	0.129
	一般技工	工日	0.089	0.086	0.086
	高级技工	工日	0.021	0.021	0.021
材料	TO树脂底层涂料	kg	（1.000）	（0.860）	—
	TO树脂面层涂料	kg	—	—	（0.860）
	TO树脂固化剂	kg	（0.100）	（0.090）	（0.090）
	氧化铁红	kg	0.100	0.090	0.090
	动力苯	kg	0.140	0.130	0.130
机械	汽车式起重机 25t	台班	0.005	0.005	—

计量单位：100kg

编　　　号			12-2-275	12-2-276	12-2-277
项　　目			管廊钢结构		
			底涂层		面涂层
			第一遍	增一遍	第一遍
名　　　称		单位	消　耗　量		
人工	合计工日		工日	0.156	0.149	0.149
	其中	普工	工日	0.085	0.082	0.082
		一般技工	工日	0.057	0.054	0.054
		高级技工	工日	0.014	0.013	0.013
材料	TO 树脂底层涂料		kg	（0.571）	（0.509）	—
	TO 树脂面层涂料		kg	—	—	（0.509）
	TO 树脂固化剂		kg	（0.063）	（0.055）	（0.055）
	氧化铁红		kg	0.063	0.055	0.055
	动力苯		kg	0.086	0.078	0.078
机械	汽车式起重机 25t		台班	0.005	0.005	—

计量单位：10m²

编　　　号			12-2-278	12-2-279	12-2-280
项　　目			大型型钢钢结构		
			底涂层		面涂层
			第一遍	增一遍	每一遍
名　　　称		单位	消　耗　量		
人工	合计工日		工日	0.268	0.260	0.260
	其中	普工	工日	0.147	0.143	0.143
		一般技工	工日	0.097	0.094	0.094
		高级技工	工日	0.024	0.023	0.023
材料	TO 树脂底层涂料		kg	（1.584）	（1.392）	—
	TO 树脂面层涂料		kg	—	—	（1.392）
	TO 树脂固化剂		kg	（0.160）	（0.144）	（0.144）
	氧化铁红		kg	0.160	0.144	0.144
	动力苯		kg	0.232	0.208	0.208
机械	汽车式起重机 25t		台班	0.005	0.005	—

二十八、防静电涂料

工作内容：运料、表面清洗、搅拌、配置、涂刷。　　　　　　　　　　　　　　　　　　　计量单位：10m²

编　号			12-2-281	12-2-282	12-2-283
项　目			金属油罐内壁		
			底涂层		面涂层
			两遍	增一遍	每一遍
名　称		单位	消　耗　量		
人工	合计工日	工日	0.584	0.313	0.207
	其中 普工	工日	0.321	0.172	0.114
	一般技工	工日	0.212	0.113	0.075
	高级技工	工日	0.051	0.028	0.018
材料	耐油防静电面层涂料	kg	—	—	（1.581）
	耐油防静电底层涂料	kg	（0.842）	（0.416）	—
	防静电涂料固化剂	kg	（0.281）	（0.146）	（0.395）
	锌粉	kg	（1.945）	（0.967）	—
	清洁剂	kg	0.450	—	—
	碎布	kg	0.200	—	—
	铁砂布 0#~2#	张	6.000	3.000	—
机械	轴流通风机 7.5kW	台班	0.780	0.460	0.360

二十九、涂层固化一次

工作内容：安装拆卸灯、调节、检查。

编　号				12-2-284	12-2-285	12-2-286	12-2-287	12-2-288	12-2-289
项　目				蒸汽			红外线		
				设备	管道	支架	设备	管道	支架
				10m²		100kg	10m²		100kg
名　称			单位	消　耗　量					
合计工日			工日	5.276	3.222	1.283	1.811	1.632	0.957
人工	其中	普工	工日	2.899	1.771	0.705	0.995	0.897	0.526
		一般技工	工日	1.913	1.168	0.465	0.657	0.592	0.347
		高级技工	工日	0.464	0.283	0.113	0.159	0.143	0.084
材料	蒸汽		t	13.800	8.310	3.280	—	—	—
	红外线灯泡 220V 1 000W		个	—	—	—	0.020	0.020	0.010
机械	远红外线调压器		台班	—	—	—	0.180	0.180	0.180

第三章　手工糊衬纤维增强塑料工程

说　　明

一、本章内容包括碳钢设备手工糊衬纤维增强塑料和塑料管道纤维增强塑料工程。

二、施工工序：材料运输、填料干燥过筛、设备表面清洗、塑料管道表面打毛、清洗、胶液配制、刷涂、腻子配制、刮涂、玻璃丝布脱脂、下料、贴衬。

三、本章不包括金属表面除锈。

四、有关说明。

1. 如设计要求或施工条件不同，所用胶液配合比、材料品种与消耗量不同时，以各种胶液中树脂含量为基数进行换算。

2. 塑料管道纤维增强塑料用玻璃布幅宽是按 200～250mm、厚度 0.2～0.5mm 考虑的。

3. 纤维增强塑料聚合是按间接聚合法考虑的，如因需要采用其他方法聚合时，按施工方案另行计算。

一、环氧树脂纤维增强塑料

工作内容：填料干燥过筛，下料、贴衬。　　　　　　　　　　　　　　　　　　　　　　计量单位：10m²

编　号			12-3-1	12-3-2	12-3-3	12-3-4	12-3-5	12-3-6
项　目			碳钢设备					
			底涂层一遍	刮涂腻子	衬布一层	衬300g 短切毡一层	衬50g 表面毡一层	面涂层一遍
名　称		单位	消　耗　量					
人工	合计工日	工日	0.425	0.161	3.003	5.527	3.003	0.305
	其中 普工	工日	0.152	0.055	1.021	1.879	1.021	0.109
	一般技工	工日	0.228	0.090	1.682	3.095	1.682	0.164
	高级技工	工日	0.045	0.016	0.300	0.553	0.300	0.032
材料	环氧树脂	kg	（1.440）	（0.290）	（2.080）	（7.800）	（2.460）	（1.380）
	环氧树脂稀释剂	kg	0.720	0.058	0.416	1.560	0.492	0.276
	石英粉	kg	—	0.460	0.260	0.710	0.260	0.120
	玻璃布 δ0.2	m²	—	—	（11.500）	—	—	—
	酒精 工业用 99.5%	kg	1.500	—	—	—	—	—
	碎布	kg	0.200	—	—	—	—	—
	铁砂布 0#~2#	张	—	4.000	2.000	2.000	2.000	—
	300g 短切毡	m²	—	—	—	（11.500）	—	—
	50g 表面毡	m²	—	—	—	—	（11.500）	—
	T31 固化剂	kg	（0.288）	（0.058）	（0.416）	（1.560）	（0.492）	（0.276）
机械	轴流通风机 7.5kW	台班	0.450	0.200	1.240	2.500	1.240	0.290

计量单位：10m²

编　　号			12-3-7	12-3-8	12-3-9
项　　目			塑料管道增强		
			底涂层一遍	缠布一层	面涂层一遍
名　　称		单位	消　耗　量		
人工	合计工日	工日	1.358	2.995	0.425
	其中 普工	工日	0.474	0.967	0.152
	一般技工	工日	0.710	1.591	0.228
	高级技工	工日	0.174	0.437	0.045
材料	环氧树脂	kg	（1.350）	（1.940）	（1.290）
	T31 固化剂	kg	（0.270）	（0.388）	（0.258）
	环氧树脂稀释剂	kg	（0.675）	（0.388）	（0.645）
	石英粉	kg	0.230	0.260	0.120
	玻璃布 δ0.2	m²	—	（14.000）	—
	碎布	kg	0.200	—	—
	铁砂布 0#~2#	张	4.000	2.000	—

二、酚醛树脂纤维增强塑料

工作内容:填料干燥过筛,下料、贴衬。　　　　　　　　　　　　　　　　计量单位:10m²

编　号			12-3-10	12-3-11	12-3-12	12-3-13	12-3-14	12-3-15
项　目			碳钢设备					
			底涂层一遍	刮涂腻子	衬布一层	衬300g 短切毡一层	衬50g 表面毡一层	面涂层一遍
名　称		单位	消　耗　量					
人工	合计工日	工日	0.425	0.161	3.374	6.207	3.374	0.305
	其中 普工	工日	0.152	0.055	1.100	2.024	1.100	0.109
	一般技工	工日	0.228	0.090	1.812	3.333	1.812	0.164
	高级技工	工日	0.045	0.016	0.462	0.850	0.462	0.032
材料	酚醛树脂	kg	—	—	(1.990)	(8.200)	(2.460)	(1.320)
	石英粉	kg	—	0.460	0.260	0.740	0.260	0.180
	玻璃布　δ0.2	m²	—	—	(11.500)	—	—	—
	碎布	kg	0.200	—	—	—	—	—
	铁砂布　0#~2#	张	—	4.000	2.000	2.000	2.000	—
	环氧树脂	kg	(1.440)	(0.290)	—	—	—	—
	环氧树脂稀释剂	kg	0.720	0.058	—	—	—	—
	酒精　工业用99.5%	kg	1.500	—	—	—	—	—
	300g 短切毡	m²	—	—	—	(11.500)	—	—
	50g 表面毡	m²	—	—	—	—	(11.500)	—
	苯磺酰氯	kg	—	—	(0.200)	(0.820)	(0.246)	(0.132)
	T31 固化剂	kg	(0.288)	(0.058)	—	—	—	—
机械	轴流通风机　7.5kW	台班	0.450	0.200	1.240	2.500	1.240	0.290

计量单位：10m²

编　号			12-3-16	12-3-17	12-3-18
项　目			塑料管道增强		
			底涂层一遍	缠布一层	面涂层一遍
名　称		单位	消　耗　量		
人工	合计工日	工日	1.358	3.191	0.425
	其中 普工	工日	0.474	1.040	0.152
	一般技工	工日	0.710	1.714	0.228
	高级技工	工日	0.174	0.437	0.045
材料	环氧树脂	kg	（1.350）	—	—
	酚醛树脂	kg	—	（2.030）	（1.390）
	环氧树脂稀释剂	kg	0.675	—	—
	石英粉	kg	0.230	0.260	0.180
	玻璃布 δ0.2	m²	—	（14.000）	—
	碎布	kg	0.200	—	—
	铁砂布 0#~2#	张	4.000	2.000	—
	苯磺酰氯	kg	—	（0.203）	（0.139）
	T31 固化剂	kg	0.270	—	—

三、呋喃树脂纤维增强塑料

工作内容：填料干燥过筛，下料、贴衬。　　　　　　　　　　　　　　　计量单位：10m²

编　号			12-3-19	12-3-20	12-3-21	12-3-22	12-3-23	12-3-24
项　目			碳钢设备					
			底涂层一遍	刮涂腻子	衬布一层	衬300g 短切毡一层	衬50g 表面毡一层	面涂层一遍
名　称		单位	消　耗　量					
人工	合计工日	工日	0.425	0.161	3.374	6.207	3.374	0.305
	其中 普工	工日	0.152	0.055	1.100	2.024	1.100	0.109
	一般技工	工日	0.228	0.090	1.812	3.333	1.812	0.164
	高级技工	工日	0.045	0.016	0.462	0.850	0.462	0.032
材料	呋喃树脂	kg	—	—	（3.680）	（8.970）	（3.680）	（2.530）
	环氧树脂	kg	（1.440）	（0.290）	—	—	—	—
	T31 固化剂	kg	（0.288）	（0.060）	—	—	—	—
	环氧树脂稀释剂	kg	0.720	0.175	—	—	—	—
	酒精 工业用99.5%	kg	1.500	—	—	—	—	—
	石英粉	kg	—	0.460	—	—	—	—
	呋喃粉	kg	—	—	1.840	4.485	1.840	1.265
	玻璃布 δ0.2	m²	—	—	（11.500）	—	—	—
	碎布	kg	0.200	—	—	—	—	—
	铁砂布 0#~2#	张	—	4.000	2.000	2.000	2.000	—
	300g 短切毡	m²	—	—	—	（11.500）	—	—
	50g 表面毡	m²	—	—	—	—	（11.500）	—
机械	轴流通风机 7.5kW	台班	0.450	0.200	1.240	2.500	1.240	0.290

计量单位：10m²

编　　　号			12-3-25	12-3-26	12-3-27
项　　　目			塑料管道增强		
			底涂层一遍	缠布一层	面涂层一遍
名　　　称		单位	消　耗　量		
人工	合计工日	工日	1.358	3.190	0.425
	其中 普工	工日	0.474	1.040	0.152
	一般技工	工日	0.710	1.713	0.228
	高级技工	工日	0.174	0.437	0.045
材料	环氧树脂	kg	（1.350）	—	—
	呋喃树脂	kg	—	（2.500）	（1.500）
	环氧树脂稀释剂	kg	0.675	—	—
	T31 固化剂	kg	（0.270）	—	—
	邻苯二甲酸二丁酯	kg	0.180	—	—
	石英粉	kg	0.230	0.260	0.120
	玻璃布 δ0.2	m²	—	（14.000）	—
	碎布	kg	0.200	—	—
	铁砂布 0#~2#	张	4.000	2.000	—
	呋喃粉	kg	—	（1.300）	（0.700）

四、不饱和聚酯树脂纤维增强塑料

工作内容： 填料干燥过筛，下料、贴衬。　　　　　　　　　　　　　　　　　计量单位：10m²

编　号			12-3-28	12-3-29	12-3-30	12-3-31	12-3-32	12-3-33
项　目			碳钢设备					
			底涂层一遍	刮涂腻子	衬布一层	衬300g短切毡一层	衬50g表面毡一层	面涂层一遍
名　称		单位	消　耗　量					
人工	合计工日	工日	0.425	0.161	4.621	8.502	4.621	0.305
	其中 普工	工日	0.152	0.055	1.571	2.891	1.571	0.109
	一般技工	工日	0.228	0.090	2.588	4.761	2.588	0.164
	高级技工	工日	0.045	0.016	0.462	0.850	0.462	0.032
材料	环氧树脂	kg	(1.440)	(0.290)	—	—	—	—
	环氧树脂稀释剂	kg	0.720	0.058				
	T31 固化剂	kg	(0.288)	(0.058)				
	石英粉	kg	—	0.460	—	—	—	—
	玻璃布 δ0.2	m²	—	—	(11.500)			
	碎布	kg	0.200	—	—	—	—	—
	铁砂布 0#~2#	张	—	4.000	2.000	2.000	2.000	—
	酒精 工业用99.5%	kg	1.500	—				
	300g 短切毡	m²	—	—	—	(11.500)	—	—
	50g 表面毡	m²	—	—	—	—	(11.500)	—
	双酚 A 型不饱和聚酯树脂	KG	—	—	(1.760)	(7.920)	(1.760)	(1.170)
	过氧化环乙酮糊液 50% 固化剂（密封膏）	kg	—	—	(0.070)	(0.320)	(0.070)	(0.050)
	环烷酸钴苯乙烯溶液	kg	—	—	(0.040)	(0.160)	(0.040)	(0.020)
机械	轴流通风机 7.5kW	台班	0.450	0.200	1.240	2.500	1.240	0.290

计量单位：10m²

编 号			12-3-34	12-3-35	12-3-36
项 目			塑料管道增强		
			底涂层一遍	缠布一层	面涂层一遍
名 称		单位	消 耗 量		
人工	合计工日	工日	1.653	4.371	0.422
	其中 普工	工日	0.592	1.486	0.152
	一般技工	工日	0.887	2.448	0.225
	高级技工	工日	0.174	0.437	0.045
材料	环氧树脂	kg	（1.350）	—	—
	双酚 A 型不饱和聚酯树脂	KG	—	（1.760）	（1.170）
	T31 固化剂	kg	（0.270）	—	—
	环氧树脂稀释剂	kg	（0.675）	—	—
	过氧化环乙酮糊液 50% 固化剂（密封膏）	kg	—	（0.070）	（0.050）
	环烷酸钴苯乙烯溶液	kg	—	（0.040）	（0.020）
	石英粉	kg	0.230	—	—
	玻璃布 δ0.2	m²	—	（14.000）	—
	碎布	kg	0.200	—	—
	铁砂布 0#～2#	张	4.000	2.000	

五、乙烯基酯树脂纤维增强塑料

工作内容：填料干燥过筛，下料、贴衬。 计量单位：10m²

	编　号		12-3-37	12-3-38	12-3-39
	项　目		碳钢设备		
			底涂层一遍	刮涂腻子	衬布一层
	名　称	单位	消　耗　量		
人工	合计工日	工日	0.551	0.169	3.374
	其中 普工	工日	0.197	0.057	1.100
	一般技工	工日	0.296	0.095	1.812
	高级技工	工日	0.058	0.017	0.462
材料	固化剂	kg	（0.120）	（0.002）	（0.016）
	碎布	箱	0.200	—	—
	乙烯基酯树脂	kg	（1.500）	（0.250）	（2.000）
	石英粉	kg	—	0.500	—
	铁砂布 0#~2#	张	—	4.000	2.000
	玻璃布 δ0.2	m²	—	—	（11.500）
机械	轴流通风机 7.5kW	台班	0.450	0.200	1.240

计量单位：10m^2

编　号		12-3-40	12-3-41	12-3-42	12-3-43
项　目		碳钢设备			各种玻璃钢聚合一次
		衬 300g 短切毡一层	衬 50g 表面毡一层	面涂层一遍	
名　称	单位	消　耗　量			
合计工日	工日	5.527	3.003	0.305	7.797
人工　其中　普工	工日	1.879	1.021	0.109	2.651
一般技工	工日	3.095	1.682	0.164	4.366
高级技工	工日	0.553	0.300	0.032	0.780
材料　乙烯基酯树脂	kg	（9.000）	（2.000）	（1.600）	—
固化剂	kg	（0.270）	（0.060）	（0.016）	—
铁砂布 0$^\#$ ~ 2$^\#$	张	2.000	2.000	—	—
50g 表面毡	m^2	—	（11.500）	—	—
300g 短切毡	m^2	（11.500）	—	—	—
蒸汽	t	—	—	—	（18.400）
机械　轴流通风机 7.5kW	台班	2.500	1.240	0.290	—

第四章　橡胶板及塑料板衬里工程

说　明

一、本章内容包括金属管道、管件、阀门、多孔板、设备的橡胶板衬里和金属表面的软聚氯乙烯塑料板衬里工程。

二、本章橡胶板及塑料板用量包括：

1. 有效面积需用量（不扣除人孔）；

2. 搭接面积需用量；

3. 法兰翻边及下料时的合理损耗量。

三、本章不包括除锈工作内容。

四、关于下列各项费用的规定。

1. 热硫化橡胶板的硫化方法，按间接硫化处理考虑，需要直接硫化处理时，其人工乘以系数 1.25，所需材料、机械费用按施工方案另行计算。

2. 带有超过总面积 15% 衬里零件的贮槽、塔类设备，其人工乘以系数 1.40。

3. 本章塑料板衬里工程，搭接缝均按胶接考虑，若采用焊接时，其人工乘以系数 1.80，胶浆用量乘以系数 0.50，聚氯乙烯塑料焊条用量 $5.19kg/10m^2$。

一、热硫化硬橡胶衬里

工作内容: 运料、配浆、下料削边、表面清洗、刷浆贴衬、火花检查、硫化、硬度检查。 计量单位:10m²

编　号				12-4-1	12-4-2	12-4-3	12-4-4
项　目				设备		多孔板	
				一层	两层	一层	两层
名　称			单位	消　耗　量			
人工	合计工日		工日	10.080	15.905	50.588	84.664
	其中	普工	工日	3.427	5.408	17.200	28.786
		一般技工	工日	5.645	8.907	28.329	47.412
		高级技工	工日	1.008	1.590	5.059	8.466
材料	硬橡胶板		m²	（11.220）	（22.440）	（11.780）	（23.560）
	胶料 S1002		kg	（1.990）	（3.580）	（2.000）	（3.600）
	橡胶溶解剂油		kg	19.100	34.360	22.000	39.000
	白布		m	0.300	0.300	0.300	0.300
	丝绸绝缘布		m²	0.500	0.500	0.500	0.500
	零星卡具		kg	2.450	4.900	2.450	4.900
	蒸汽		t	2.070	2.070	2.070	2.070
机械	轴流通风机 7.5kW		台班	1.610	2.310	1.610	2.310
	电动空气压缩机 10m³/min		台班	0.130	0.130	0.130	0.130
仪表	电火花检测仪		台班	0.130	0.190	0.200	0.300

计量单位：10m²

编　　号			12-4-5	12-4-6	12-4-7	12-4-8	12-4-9	12-4-10
项　　目			管道				阀门	
			DN100 以下		DN400 以下		DN65 以下	
			一层	两层	一层	两层	一层	两层
名　　称		单位	消　耗　量					
人工	合计工日	工日	14.282	25.237	9.902	15.727	14.700	21.641
	其中 普工	工日	4.856	8.580	3.367	5.347	4.998	7.358
	一般技工	工日	7.998	14.133	5.545	8.807	8.232	12.119
	高级技工	工日	1.428	2.524	0.990	1.573	1.470	2.164
材料	硬橡胶板	m²	（11.640）	（22.960）	（11.280）	（22.560）	（10.830）	（21.640）
	胶料 S1002	kg	（2.000）	（3.600）	（2.000）	（3.600）	（2.000）	（3.600）
	橡胶溶解剂油	kg	24.000	43.200	24.000	43.200	24.000	43.200
	白布	m	0.300	0.300	0.300	0.300	0.300	0.300
	丝绸绝缘布	m²	0.500	0.500	0.500	0.500	0.500	0.500
	零星卡具	kg	2.450	4.900	2.450	4.900	2.450	4.900
	蒸汽	t	1.030	1.030	1.030	1.030	1.030	1.030
机械	轴流通风机 7.5kW	台班	1.610	2.310	1.610	2.310	1.610	2.310
	电动空气压缩机 10m³/min	台班	0.130	0.130	0.130	0.130	0.130	0.130
仪表	电火花检测仪	台班	0.250	0.300	0.250	0.300	0.300	0.450

计量单位：10m²

编 号			12-4-11	12-4-12	12-4-13	12-4-14	12-4-15	12-4-16
项 目			阀门		弯头			
			DN125 以下				DN400 以下	
			一层	两层	一层	两层	一层	两层
名 称		单位	消 耗 量					
人工	合计工日	工日	13.898	19.420	14.112	19.447	10.197	15.309
	其中 普工	工日	4.725	6.603	4.798	6.612	3.467	5.205
	一般技工	工日	7.783	10.875	7.903	10.890	5.710	8.573
	高级技工	工日	1.390	1.942	1.411	1.945	1.020	1.531
材料	硬橡胶板	m²	（11.220）	（22.440）	（13.270）	（26.540）	（12.430）	（24.860）
	胶料 S1002	kg	（2.000）	（3.600）	（2.200）	（3.960）	（2.000）	（3.960）
	橡胶溶解剂油	kg	24.000	39.000	24.000	43.200	24.000	43.200
	白布	m	0.300	0.300	0.300	0.300	0.300	0.300
	丝绸绝缘布	m²	0.500	0.500	0.500	0.500	0.500	0.500
	零星卡具	kg	2.450	4.900	2.450	4.900	2.450	4.900
	蒸汽	t	0.830	0.830	0.830	0.830	0.830	0.830
机械	轴流通风机 7.5kW	台班	1.610	2.310	1.610	2.310	1.610	2.310
	电动空气压缩机 10m³/min	台班	0.130	0.130	0.130	0.130	0.130	0.130
仪表	电火花检测仪	台班	0.300	0.450	0.300	0.450	0.300	0.450

计量单位：10m²

编　号			12-4-17	12-4-18	12-4-19	12-4-20
项　目			其他管件			
			DN100 以下		DN400 以下	
			一层	两层	一层	两层
名　称		单位	消　耗　量			
人工	合计工日	工日	12.016	16.851	9.661	14.068
	其中 普工	工日	4.085	5.729	3.285	4.783
	一般技工	工日	6.729	9.437	5.410	7.878
	高级技工	工日	1.202	1.685	0.966	1.407
材料	硬橡胶板	m²	（12.090）	（24.180）	（11.270）	（22.540）
	胶料 S1002	kg	（2.000）	（3.600）	（2.000）	（3.600）
	橡胶溶解剂油	kg	24.000	43.200	24.000	43.200
	白布	m	0.300	0.300	0.300	0.300
	丝绸绝缘布	m²	0.500	0.500	0.500	0.500
	零星卡具	kg	2.450	4.900	2.450	4.900
	蒸汽	t	0.830	0.830	0.830	0.830
机械	轴流通风机 7.5kW	台班	1.610	2.310	1.610	2.310
	电动空气压缩机 10m³/min	台班	0.130	0.130	0.130	0.130
仪表	电火花检测仪	台班	0.300	0.450	0.300	0.450

二、热硫化软橡胶衬里

工作内容: 运料、配浆、下料削边、表面清洗、刷浆贴衬、火花检查、硫化、硬度检查。　　　　计量单位:10m²

编　　号				12-4-21	12-4-22	12-4-23	12-4-24
项　　目				设备		多孔板	
				一层	两层	一层	两层
名　　称			单位	消　耗　量			
人工	合计工日		工日	10.080	15.905	50.588	84.664
	其中	普工	工日	3.427	5.408	17.200	28.786
		一般技工	工日	5.645	8.907	28.329	47.412
		高级技工	工日	1.008	1.590	5.059	8.466
材料	软橡胶板		m²	(11.210)	(22.540)	(11.210)	(22.420)
	胶料 4508#		kg	(1.320)	(2.370)	(1.320)	(2.370)
	橡胶溶解剂油		kg	31.680	56.880	31.680	56.880
	白布		m	0.300	0.300	0.300	0.300
	丝绸绝缘布		m²	0.500	0.500	0.500	0.500
	零星卡具		kg	2.450	4.900	2.450	4.900
	蒸汽		t	2.070	2.070	2.070	2.070
机械	轴流通风机 7.5kW		台班	1.610	2.310	1.610	2.310
	电动空气压缩机 10m³/min		台班	0.130	0.130	0.130	0.130
仪表	电火花检测仪		台班	0.130	0.190	0.200	0.300

三、热硫化软、硬胶板复合衬里

工作内容:运料、配浆、下料削边、表面清洗、刷浆贴衬、火花检查、硫化、硬度检查。 计量单位:10m²

	编 号		12-4-25	12-4-26
	项 目		设备	多孔板
			两层	
	名 称	单位	消 耗 量	
人工	合计工日	工日	15.905	84.664
	其中 普工	工日	5.408	28.786
	一般技工	工日	8.907	47.412
	高级技工	工日	1.590	8.466
材料	硬橡胶板	m²	(11.220)	(11.780)
	软橡胶板	m²	(11.220)	(11.780)
	胶料 S1002	kg	(2.000)	(2.000)
	胶料 4508#	kg	(1.040)	(1.040)
	橡胶溶解剂油	kg	44.300	44.300
	白布	m	0.300	0.300
	丝绸绝缘布	m²	0.500	0.500
	零星卡具	kg	4.900	4.900
	蒸汽	t	2.070	2.070
机械	轴流通风机 7.5kW	台班	2.310	2.310
	电动空气压缩机 10m³/min	台班	0.130	0.130
仪表	电火花检测仪	台班	0.190	0.300

四、预硫化橡胶衬里

工作内容：运料、配浆、下料削边、表面清洗、胶板打毛、刷浆贴衬、粘贴盖胶板、
电火花检测。

计量单位：10m²

编　号				12-4-27	12-4-28
项　目				设备	
				一层	两层
名　称			单位	消　耗　量	
人工	合计工日		工日	14.389	20.536
	其中	普工	工日	4.892	6.982
		一般技工	工日	8.058	11.500
		高级技工	工日	1.439	2.054
材料	预硫化橡胶板		m²	（11.500）	（23.000）
	盖胶板		m²	（0.700）	（0.700）
	底涂料		kg	（4.400）	（4.400）
	固化剂		kg	（1.400）	（2.800）
	酒精 工业用99.5%		kg	0.800	1.600
	三氯乙烯		kg	2.000	4.000
	胶接剂 JHF		kg	14.000	28.000
	丝绸绝缘布		m²	0.500	0.500
	溶剂		kg	1.360	2.700
	零星卡具		kg	1.087	2.073
机械	轴流通风机 7.5kW		台班	1.610	2.310
	电动单筒慢速卷扬机 10kN		台班	0.200	0.400
仪表	电火花检测仪		台班	0.300	0.450

五、自然硫化橡胶衬里

工作内容: 配浆、下料、削边、清洗刷浆、贴衬、火花和硬度检查。 　　　　　　　计量单位:10m²

	编　号		12-4-29
	项　目		设备
			每一层
	名　称	单位	消　耗　量
人工	合计工日	工日	10.723
	其中　普工	工日	3.646
	一般技工	工日	6.005
	高级技工	工日	1.072
材料	底涂料	kg	(3.200)
	自然硫化橡胶板	m²	(12.000)
	胶黏剂	kg	(7.000)
	甲苯	kg	4.000
	白布	m	0.300
	丝绸绝缘布	m²	0.500
	零星卡具	kg	1.450
机械	轴流通风机 7.5kW	台班	1.610
	电动单筒慢速卷扬机 10kN	台班	0.200
仪表	电火花检测仪	台班	0.300

六、五米长管段热硫化橡胶衬里

工作内容: 运料、配浆、下料削边、表面清洗、卷筒、刷浆衬贴、法兰翻边。　　　　　计量单位:10m²

编　号			12-4-30	12-4-31
项　目			DN100 以下	DN400 以下
			一层	
名　称		单位	消　耗　量	
人工	合计工日	工日	16.423	11.400
	其中 普工	工日	5.584	3.876
	一般技工	工日	9.197	6.384
	高级技工	工日	1.642	1.140
材料	硬橡胶板	m²	（11.640）	（11.280）
	胶料 S1002	kg	（2.000）	（2.000）
	橡胶溶解剂油	kg	24.000	24.000
	丝绸绝缘布	m²	1.250	1.250
	零星卡具	kg	1.450	1.450
	蒸汽	t	2.070	2.070
机械	轴流通风机 7.5kW	台班	0.930	0.360
	电动空气压缩机 10m³/min	台班	0.130	0.040
	汽车式起重机 8t	台班	—	0.080
仪表	电火花检测仪	台班	0.200	0.200

七、软聚氯乙烯板衬里

工作内容：运料、配料、下料刨边、表面清洗、刷胶贴衬、火花检查。　　　　　　　　　　计量单位：10m²

编　号			12-4-32	12-4-33
项　目			金属表面	
			一层	两层
名　称		单位	消　耗　量	
人工	合计工日	工日	8.270	15.789
	其中 普工	工日	2.812	5.368
	一般技工	工日	4.631	8.842
	高级技工	工日	0.827	1.579
材料	软聚氯乙烯板 δ2~8	m²	（11.100）	（22.200）
	二氯乙烷	kg	20.010	40.020
	过氯乙烯树脂	kg	2.990	5.980
	丙酮	kg	1.000	2.000
	铁砂布 0#~2#	张	7.000	21.000
	白布	m	0.300	0.300
机械	轴流通风机 7.5kW	台班	0.500	1.000

第五章　衬铅及搪铅工程

说　　明

一、本章内容包括金属设备、型钢等表面衬铅、搪铅工程。

二、铅板焊接采用氢 + 氧焰；搪铅采用氧 + 乙炔焰。

三、本章不包括金属表面除锈工作。

四、关于下列各项费用的规定：

1. 设备衬铅不分直径大小，均按卧放在滚动器上施工，对已经安装好的设备进行挂衬铅板施工时，其人工乘以系数 1.39，材料、机械消耗量不得调整。

2. 设备、型钢表面衬铅，铅板厚度按 3mm 考虑，若铅板厚度大于 3mm 时，其人工乘以系数 1.29，材料按实际进行计算。

一、衬　　铅

工作内容: 1. 搪钉法:运料、化制焊条、除锈搪钉、衬铅、氨气检查。
　　　　　 2. 压板法:运料、清洗、化制焊条、下料、钻孔、铺铅板、把螺栓、包衬铅板、
　　　　　 氨气检查。
　　　　　 3. 螺栓固定法:运料、焊接螺栓、化制焊条、铺铅板、焊接及板、包焊螺栓、
　　　　　 氨气检查。

计量单位:10m²

编　号			12-5-1	12-5-2	12-5-3	12-5-4
项　　目			设备			型钢及支架包铅
			压板法	螺栓固定法	搪钉法	
名　称		单位	消　耗　量			
人工	合计工日	工日	19.314	17.314	30.677	40.910
	其中 普工	工日	6.567	5.887	10.430	13.909
	一般技工	工日	10.816	9.696	17.179	22.910
	高级技工	工日	1.931	1.731	3.068	4.091
材料	铅焊条 $\phi3\sim5$	kg	(16.000)	(16.000)	(107.000)	(5.500)
	铅板 $\delta2.6\sim3.0$	kg	(436.370)	(436.370)	(436.370)	(436.370)
	氧气	m³	3.000	3.000	19.720	2.650
	氢气	m³	3.400	3.400	3.400	3.000
	垫圈 M10~20	10个	13.000	6.000	—	—
	钢板 $\delta100\times10$	kg	187.200	—	—	—
	平头螺钉带螺母 M10×14	个	120.000	60.000	—	—
	水	t	0.100	0.100	0.200	0.100
	氨气	m³	1.600	1.600	1.600	1.060
	酚酞	kg	0.020	0.020	0.020	0.020
	酒精 工业用 99.5%	kg	0.300	0.300	0.300	0.300
	焦炭	kg	6.400	6.400	42.800	6.400
	木柴	kg	1.600	1.600	10.700	1.600
	低碳钢焊条 J422 $\phi3.2$	kg	—	1.600	—	—
	乙炔气	kg	—	—	7.270	—
	锌 99.99%	kg	—	—	0.800	—
	锡	kg	—	—	22.200	—
	盐酸 31% 合成	kg	—	—	1.100	—
	碳酸钠(纯碱)	kg	—	—	0.800	—
	砂轮片 $\phi150$	片	0.100	0.100	0.100	0.100
机械	轴流通风机 7.5kW	台班	0.900	0.900	0.900	0.900
	汽车式起重机 16t	台班	1.000	1.000	1.000	0.500
	直流弧焊机 40kV·A	台班	—	0.600	—	—
	电动空气压缩机 3m³/min	台班	0.100	0.100	0.100	0.100
	磁力电钻	台班	2.500	—	—	—

二、搪　　铅

工作内容： 运料、化制焊条、配焊药、焊铅、质量检查。　　　　　　　　　　　　计量单位：10m²

编　号			12-5-5	12-5-6
项　目			设备封头、底	搅拌叶轮、轴类
			搪层 δ=4	
名　称		单位	消　耗　量	
人工	合计工日	工日	64.673	108.268
	其中 普工	工日	21.989	36.811
	一般技工	工日	36.217	60.630
	高级技工	工日	6.467	10.827
材料	铝焊条（综合）	kg	（683.050）	（683.050）
	氧气	m³	304.200	304.200
	乙炔气	kg	132.600	132.600
	水	t	2.540	2.540
	氯化锌	kg	5.600	5.600
	氯化锡	kg	2.800	2.800
	硫酸 38%	kg	5.000	5.000
	焦炭	kg	273.220	273.220
	木柴	kg	68.310	68.310
	砂轮片 φ150	片	0.100	0.100
机械	汽车式起重机 16t	台班	—	0.310
	轴流通风机 7.5kW	台班	15.300	1.310

第六章　喷镀（涂）工程

说　　明

一、本章内容包括金属管道、设备、型钢等表面气喷镀工程及塑料和水泥砂浆的喷涂工程。

二、本章不包括除锈工作内容。

三、施工工具：喷镀采用国产 SQP-1（高速、中速）气喷枪；喷塑采用塑料粉末喷枪。

四、喷镀和喷塑采用氧乙炔焰。

一、喷　铝

工作内容： 运料、铝丝和钢丝脱脂、喷镀、质量检查。

编　号		单位	12-6-1	12-6-2	12-6-3	12-6-4	12-6-5
项　目			喷铝（厚度 mm）				
			设备		管道		型钢
			0.3	0.15	0.3	0.15	0.3
			10m²				100kg
名　称		单位	消　耗　量				
人工	合计工日	工日	6.573	5.352	7.056	5.834	4.112
	其中 普工	工日	2.235	1.820	2.399	1.984	1.398
	其中 一般技工	工日	3.681	2.997	3.951	3.267	2.303
	其中 高级技工	工日	0.657	0.535	0.706	0.583	0.411
材料	铝丝 $\phi2$	kg	（9.700）	（5.000）	（9.700）	（5.000）	（5.630）
	氧气	m³	6.800	3.600	6.800	3.600	3.280
	乙炔气	kg	5.040	3.570	5.040	3.570	3.480
	带锈底漆	kg	—	—	—	—	2.920
	氧气胶管 $\phi8$	m	1.000	1.000	1.000	1.000	0.580
	零星卡具	kg	6.811	6.485	6.811	6.485	4.581
机械	轴流通风机 7.5kW	台班	1.800	1.200	2.000	1.500	0.970
	电动空气压缩机 10m³/min	台班	0.970	0.670	1.000	0.770	0.480

二、喷　钢

工作内容：运料、铝丝和钢丝脱脂、喷镀、质量检查。

编　号			12-6-6	12-6-7	12-6-8
项　目			喷钢		
			设备		零部件
			0.1mm	0.05mm	0.1mm
			10m²		100kg
名　称		单位	消　耗　量		
人工	合计工日	工日	11.489	9.207	6.682
	其中　普工	工日	3.906	3.130	2.272
	一般技工	工日	6.434	5.156	3.742
	高级技工	工日	1.149	0.921	0.668
材料	钢丝 $\phi2.0$	kg	（10.000）	（6.000）	（5.800）
	氧气	m³	7.000	4.000	4.060
	带锈底漆	kg	6.220	3.970	3.610
	氧气胶管 $\phi8$	m	1.000	1.000	0.580
	零星卡具	kg	8.474	7.773	4.918
机械	轴流通风机 7.5kW	台班	1.800	1.440	2.000
	电动空气压缩机 10m³/min	台班	0.900	0.720	1.000

三、喷　锌

工作内容：运料、锌丝脱脂、喷镀、质量检查。

计量单位：10m²

编　号				12-6-9	12-6-10	12-6-11	12-6-12
项　目				喷锌			
				设备			管道
				0.15mm	0.2mm	0.3mm	0.15mm
名　称			单位	消　耗　量			
人工	合计工日		工日	5.209	6.030	6.450	5.691
	其中	普工	工日	1.771	2.050	2.193	1.935
		一般技工	工日	2.917	3.377	3.612	3.187
		高级技工	工日	0.521	0.603	0.645	0.569
材料	锌丝 $\phi2$		kg	（13.200）	（17.100）	（25.600）	（13.200）
	氧气		m³	3.400	4.500	6.700	3.400
	乙炔气		kg	2.500	3.300	5.000	2.500
	氧气胶管 $\phi8$		m	1.000	1.000	1.000	1.000
	零星卡具		kg	1.771	1.716	1.688	1.771
机械	轴流通风机 7.5kW		台班	1.300	1.600	2.000	1.300
	电动空气压缩机 10m³/min		台班	0.670	0.800	0.900	0.670

编　号	12-6-13	12-6-14	12-6-15	12-6-16	12-6-17
项　目	喷锌				
	管道（10m²）		型钢（100kg）		
	0.2mm	0.3mm	0.15mm	0.2mm	0.3mm
名　称	单位	消　耗　量			

		名　称	单位	消　耗　量				
人工		合计工日	工日	6.512	6.958	2.766	3.167	3.373
	其中	普工	工日	2.214	2.366	0.940	1.077	1.147
		一般技工	工日	3.647	3.896	1.549	1.773	1.889
		高级技工	工日	0.651	0.696	0.277	0.317	0.337
材料		锌丝 φ2	kg	（17.100）	（25.600）	（6.440）	（8.310）	（12.410）
		氧气	m³	4.500	6.700	1.690	2.220	3.280
		带锈底漆	kg	3.300	5.000	1.260	1.640	2.510
		氧气胶管 φ8	m	1.000	1.000	0.480	0.480	0.480
		零星卡具	kg	2.031	2.006	1.047	1.006	1.002
机械		轴流通风机 7.5kW	台班	1.600	2.000	0.630	0.770	0.970
		电动空气压缩机 10m³/min	台班	0.800	1.000	0.320	0.390	0.480

四、喷　铜

工作内容： 运料、铜丝脱脂、喷镀、质量检查。　　　　　　　　　　　　　　　　　计量单位：10m²

编　号			12-6-18	12-6-19	12-6-20	12-6-21
项　目			喷铜			
			设备			
			0.05mm	0.1mm	0.15mm	0.2mm
名　称		单位	消　耗　量			
人工	合计工日	工日	9.098	11.356	13.621	15.780
	其中 普工	工日	3.093	3.861	4.631	5.365
	一般技工	工日	5.095	6.359	7.628	8.837
	高级技工	工日	0.910	1.136	1.362	1.578
材料	铜丝 $\phi 2 \sim 3$	kg	（6.800）	（11.350）	（17.500）	（22.700）
	氧气	m³	3.000	6.000	8.500	11.000
	乙炔气	kg	2.100	4.200	5.900	7.700
	氧气胶管 $\phi 8$	m	1.000	1.000	1.000	1.000
	零星卡具	kg	1.906	1.880	2.002	1.939
机械	轴流通风机 7.5kW	台班	1.500	1.800	2.000	2.500
	电动空气压缩机 10m³/min	台班	0.800	0.900	1.200	1.600

计量单位:100kg

编 号			12-6-22	12-6-23	12-6-24	12-6-25
项 目			喷铜			
			型钢			
			0.05mm	0.1mm	0.15mm	0.2mm
名 称		单位	消 耗 量			
人工	合计工日	工日	5.318	6.405	7.261	8.384
	其中 普工	工日	1.808	2.178	2.469	2.851
	一般技工	工日	2.978	3.587	4.066	4.695
	高级技工	工日	0.532	0.640	0.726	0.838
材料	铜丝 φ2~3	kg	(3.280)	(5.480)	(8.450)	(10.960)
	氧气	m³	1.450	2.900	4.110	5.310
	带锈底漆	kg	1.010	2.030	2.870	3.720
	氧气胶管 φ8	m	0.480	0.480	0.480	0.480
	零星卡具	kg	1.078	1.076	1.155	1.114
机械	轴流通风机 7.5kW	台班	0.720	1.870	0.970	1.210
	电动空气压缩机 10m³/min	台班	0.390	0.430	0.580	0.770

五、喷　塑

工作内容:运料、粉料烘干、预热、喷涂。

编　号		12-6-26	12-6-27	12-6-28
项　目		喷塑		
		设备(10m²)	管道(10m²)	一般钢结构(100kg)
名　称	单位	消　耗　量		
合计工日	工日	1.339	1.454	0.793
人工 其中 普工	工日	0.455	0.495	0.270
一般技工	工日	0.750	0.814	0.444
高级技工	工日	0.134	0.145	0.079
材料 粉料 100~250 目	kg	(2.500)	(2.750)	(1.450)
氧气	m³	0.300	0.330	0.170
乙炔气	kg	0.310	0.340	0.180
零星卡具	kg	0.171	0.188	0.099
机械 电动空气压缩机 3m³/min	台班	0.600	0.660	0.350
塑料粉末喷枪	台班	0.600	0.660	0.350

六、水泥砂浆内喷涂

工作内容：水泥砂子筛选、搅拌水泥砂浆，运输砂浆，喷涂，养护。　　　　　　　　计量单位：10m²

	编　号		12-6-29
	项　目		管道 $DN700 \sim 800$
	名　称	单位	消　耗　量
人工	合计工日	工日	1.369
	其中 普工	工日	0.465
	一般技工	工日	0.767
	高级技工	工日	0.137
材料	U 型膨胀剂	kg	1.060
	水泥 P·O 42.5	kg	100.060
	砂子	m³	0.170
	塑料布	kg	0.280
	镀锌铁丝 $\phi 2.5 \sim 1.4$	kg	0.120
	草袋	条	16.000
	水	t	2.700
机械	涡浆式混凝土搅拌机 500L	台班	0.120
	PX-40A 型喷射清洗机 XIV	台班	0.180
	内涂机 TCL-I 型	台班	0.140
	汽车式起重机 8t	台班	0.040

第七章　块材衬里工程

说　　明

一、本章内容包括各种金属设备的耐酸砖（板）衬里工程。

二、本章不包括金属设备表面除锈工作。

三、有关说明。

1. 块材包括耐酸瓷砖（板）、耐酸耐温砖、耐酸碳砖、浸渍石墨板等。

2. 树脂胶泥包括环氧树脂、酚醛树脂、呋喃树脂、环氧呋喃树脂、环氧酚醛树脂、乙烯基酯树脂胶泥、环氧煤焦油等胶泥。

3. 调制胶泥不分机械和手工操作，均执行本消耗量。

4. 衬砌砖、板按规范进行自然养护考虑，若采用其他方法养护，其工程量应按施工方案另行计算。

5. 立式设备人孔等部位发生旋拱施工时，每 $10m^2$ 应增加木材 $0.01m^3$、铁钉 $0.20kg$。

一、硅质胶泥砌块材

1. 耐酸砖 230mm（230×113×65）

工作内容： 运料、选砖板、洗砖板、调制胶泥、刷底胶浆、衬砌、养生、酸洗。　　　　　　计量单位：10m²

编　号				12-7-1	12-7-2	12-7-3
项　目				圆形	矩形	锥（塔）形
名　称			单位	消　耗　量		
人工	合计工日		工日	29.860	26.568	35.005
	其中	普工	工日	10.152	9.033	11.902
		一般技工	工日	16.125	14.347	18.902
		高级技工	工日	3.583	3.188	4.201
材料	硅质耐酸胶泥		m³	（0.300）	（0.300）	（0.300）
	耐酸瓷砖 230×113×65		块	（1 333.000）	（1 333.000）	（1 333.000）
	硫酸 38%		kg	2.000	2.000	2.000
	水		t	1.620	1.620	1.620
	砂轮片 φ150		片	0.100	0.100	0.100
机械	涡浆式混凝土搅拌机 250L		台班	1.050	1.050	1.050
	轴流通风机 7.5kW		台班	0.600	0.600	0.600
	电动单筒慢速卷扬机 30kN		台班	0.500	0.500	0.500

2. 耐酸砖 113mm（230×113×65）

工作内容：运料、选砖板、洗砖板、调制胶泥、刷底胶浆、衬砌、养生、酸洗。　　　　　　　计量单位：10m²

编　号			12-7-4	12-7-5	12-7-6
项　目			圆形	矩形	锥（塔）形
名　称		单位	消　耗　量		
人工		合计工日	工日	17.741	15.398	19.344
人工	其中	普工	工日	6.032	5.235	6.577
人工	其中	一般技工	工日	9.580	8.315	10.446
人工	其中	高级技工	工日	2.129	1.848	2.321
材料		硅质耐酸胶泥	m³	（0.166）	（0.166）	（0.166）
材料		耐酸瓷砖 230×113×65	块	（665.000）	（665.000）	（665.000）
材料		硫酸 38%	kg	2.000	2.000	2.000
材料		水	t	0.800	0.800	0.800
材料		砂轮片 φ150	片	0.100	0.100	0.100
机械		涡浆式混凝土搅拌机 250L	台班	0.600	0.600	0.600
机械		轴流通风机 7.5kW	台班	0.600	0.600	0.600
机械		电动单筒慢速卷扬机 30kN	台班	0.500	0.500	0.500

3. 耐酸砖 65mm（230×113×65）

工作内容：运料、选砖板、洗砖板、调制胶泥、刷底胶浆、衬砌、养生、酸洗。   计量单位：10m²

编　号				12-7-7	12-7-8	12-7-9
项　目				圆形	矩形	锥（塔）形
名　称			单位	消　耗　量		
人工	合计工日		工日	11.498	10.200	12.356
	其中	普工	工日	3.909	3.468	4.201
		一般技工	工日	6.209	5.508	6.672
		高级技工	工日	1.380	1.224	1.483
材料	硅质耐酸胶泥		m³	（0.110）	（0.110）	（0.110）
	耐酸瓷砖 230×113×65		块	（389.000）	（389.000）	（389.000）
	硫酸 38%		kg	2.000	2.000	2.000
	水		t	0.500	0.500	0.500
	砂轮片 ϕ150		片	0.100	0.100	0.100
机械	涡浆式混凝土搅拌机 250L		台班	0.500	0.500	0.500
	轴流通风机 7.5kW		台班	0.600	0.600	0.600
	电动单筒慢速卷扬机 30kN		台班	0.500	0.500	0.500

4. 耐酸板 10mm（100×50×10）

工作内容： 运料、选砖板、洗砖板、调制胶泥、刷底胶浆、衬砌、养生、酸洗。　　　　　　　　计量单位：10m²

编　号				12-7-10	12-7-11	12-7-12
项　目				圆形	矩形	锥（塔）形
名　称			单位	消　耗　量		
人工	合计工日		工日	15.655	12.970	19.018
	其中	普工	工日	5.323	4.410	6.466
		一般技工	工日	8.453	7.004	10.270
		高级技工	工日	1.879	1.556	2.282
材料	硅质耐酸胶泥		m³	（0.075）	（0.075）	（0.075）
	耐酸板 100×50×10		块	（1 972.000）	（1 972.000）	（1 972.000）
	硫酸 38%		kg	2.000	2.000	2.000
	水		t	0.600	0.600	0.600
	砂轮片 φ150		片	0.100	0.100	0.100
机械	涡浆式混凝土搅拌机 250L		台班	0.500	0.500	0.500
	轴流通风机 7.5kW		台班	0.600	0.600	0.600
	电动单筒慢速卷扬机 30kN		台班	0.500	0.500	0.500

5. 耐酸板 10mm（100×75×10）

工作内容：运料、选砖板、洗砖板、调制胶泥、刷底胶浆、衬砌、养生、酸洗。　　　　　　　　计量单位：10m²

编　号				12-7-13	12-7-14	12-7-15
项　目				圆形	矩形	锥（塔）形
名　称			单位	消　耗　量		
人工	合计工日		工日	15.570	13.176	18.885
	其中	普工	工日	5.294	4.480	6.421
		一般技工	工日	8.408	7.115	10.198
		高级技工	工日	1.868	1.581	2.266
材料	硅质耐酸胶泥		m³	（0.072）	（0.072）	（0.072）
	耐酸砖（板）100×75×10		块	（1 335.000）	（1 335.000）	（1 335.000）
	硫酸 38%		kg	2.000	2.000	2.000
	水		t	0.600	0.600	0.600
	砂轮片 φ150		片	0.100	0.100	0.100
机械	涡浆式混凝土搅拌机 250L		台班	0.500	0.500	0.500
	轴流通风机 7.5kW		台班	0.600	0.600	0.600
	电动单筒慢速卷扬机 30kN		台班	0.500	0.500	0.500

6. 耐酸板 10mm（75×75×10）

工作内容：运料、选砖板、洗砖板、调制胶泥、刷底胶浆、衬砌、养生、酸洗。　　　　　计量单位：10m²

编　号			12-7-16	12-7-17	12-7-18
项　目			圆形	矩形	锥（塔）形
名　称		单位	消　耗　量		
人工	合计工日	工日	15.402	13.065	18.774
	其中 普工	工日	5.237	4.442	6.383
	一般技工	工日	8.317	7.055	10.138
	高级技工	工日	1.848	1.568	2.253
材料	硅质耐酸胶泥	m³	（0.073）	（0.073）	（0.073）
	耐酸板 75×75×10	块	（1 767.000）	（1 767.000）	（1 767.000）
	硫酸 38%	kg	2.000	2.000	2.000
	水	t	0.600	0.600	0.600
	砂轮片 φ150	片	0.100	0.100	0.100
机械	涡浆式混凝土搅拌机 250L	台班	0.500	0.500	0.500
	轴流通风机 7.5kW	台班	0.600	0.600	0.600
	电动单筒慢速卷扬机 30kN	台班	0.500	0.500	0.500

7. 耐酸板 10mm（100×100×10）

工作内容：运料、选砖板、洗砖板、调制胶泥、刷底胶浆、衬砌、养生、酸洗。　　　　　计量单位：10m²

编　号				12-7-19	12-7-20	12-7-21
项　目				圆形	矩形	锥（塔）形
名　称			单位	消　耗　量		
人工	合计工日		工日	15.192	12.835	17.939
	其中	普工	工日	5.165	4.364	6.099
		一般技工	工日	8.204	6.931	9.687
		高级技工	工日	1.823	1.540	2.153
材料	硅质耐酸胶泥		m³	（0.071）	（0.071）	（0.071）
	耐酸板 100×100×10		块	（1 010.000）	（1 010.000）	（1 010.000）
	硫酸 38%		kg	2.000	2.000	2.000
	水		t	0.600	0.600	0.600
	砂轮片 φ150		片	0.100	0.100	0.100
机械	涡浆式混凝土搅拌机 250L		台班	0.500	0.500	0.500
	轴流通风机 7.5kW		台班	0.600	0.600	0.600
	电动单筒慢速卷扬机 30kN		台班	0.500	0.500	0.500

8. 耐酸板 10mm（150 × 70 × 10）

工作内容：运料、选砖板、洗砖板、调制胶泥、刷底胶浆、衬砌、养生、酸洗。　　　　　计量单位：10m²

编　号				12-7-22	12-7-23	12-7-24
项　目				圆形	矩形	锥（塔）形
名　称			单位	消 耗 量		
人工	合计工日		工日	13.592	11.624	16.118
	其中	普工	工日	4.621	3.952	5.480
		一般技工	工日	7.340	6.277	8.704
		高级技工	工日	1.631	1.395	1.934
材料	硅质耐酸胶泥		m³	（0.071）	（0.071）	（0.071）
	耐酸板 150 × 75 × 10		块	（959.000）	（959.000）	（959.000）
	硫酸 38%		kg	2.000	2.000	2.000
	水		t	0.600	0.600	0.600
	砂轮片 ϕ150		片	0.100	0.100	0.100
机械	涡浆式混凝土搅拌机 250L		台班	0.500	0.500	0.500
	轴流通风机 7.5kW		台班	0.600	0.600	0.600
	电动单筒慢速卷扬机 30kN		台班	0.500	0.500	0.500

9. 耐酸板 10mm（150×75×10）

工作内容：运料、选砖板、洗砖板、调制胶泥、刷底胶浆、衬砌、养生、酸洗。　　　　　　　　　计量单位：10m²

	编　　号		12-7-25	12-7-26	12-7-27
	项　　目		圆形	矩形	锥（塔）形
	名　　称	单位	消　耗　量		
人工	合计工日	工日	13.233	11.267	15.761
	其中 普工	工日	4.499	3.831	5.359
	一般技工	工日	7.146	6.084	8.511
	高级技工	工日	1.588	1.352	1.891
材料	硅质耐酸胶泥	m³	（0.071）	（0.071）	（0.071）
	耐酸板 150×75×10	块	（898.000）	（898.000）	（898.000）
	硫酸 38%	kg	2.000	2.000	2.000
	水	t	0.600	0.600	0.600
	砂轮片 φ150	片	0.100	0.100	0.100
机械	涡浆式混凝土搅拌机 250L	台班	0.500	0.500	0.500
	轴流通风机 7.5kW	台班	0.600	0.600	0.600
	电动单筒慢速卷扬机 30kN	台班	0.500	0.500	0.500

10.耐酸板 15mm（150×75×15）

工作内容：运料、选砖板、洗砖板、调制胶泥、刷底胶浆、衬砌、养生、酸洗。　　　　　　　　计量单位：10m²

编　号			12-7-28	12-7-29	12-7-30
项　目			圆形	矩形	锥（塔）形
			1.5m 以下		
名　称		单位	消　耗　量		
人工	合计工日	工日	13.256	11.292	15.785
	其中 普工	工日	4.507	3.839	5.367
	一般技工	工日	7.158	6.098	8.524
	高级技工	工日	1.591	1.355	1.894
材料	硅质耐酸胶泥	m³	（0.075）	（0.075）	（0.075）
	耐酸板 150×75×15	块	（898.000）	（898.000）	（898.000）
	硫酸 38%	kg	2.000	2.000	2.000
	水	t	0.600	0.600	0.600
	砂轮片 φ150	片	0.100	0.100	0.100
机械	涡浆式混凝土搅拌机 250L	台班	0.500	0.500	0.500
	轴流通风机 7.5kW	台班	0.600	0.600	0.600
	电动单筒慢速卷扬机 30kN	台班	0.500	0.500	0.500

11. 耐酸板 20mm（150×75×20）

工作内容：运料、选砖板、洗砖板、调制胶泥、刷底胶浆、衬砌、养生、酸洗。　　　　　　　计量单位：10m²

编　　号			12-7-31	12-7-32	12-7-33
项　　目			圆形	矩形	锥（塔）形
名　　称		单位	消　耗　量		
人工	合计工日	工日	13.233	11.350	15.839
	其中 普工	工日	4.499	3.859	5.385
	其中 一般技工	工日	7.146	6.129	8.553
	其中 高级技工	工日	1.588	1.362	1.901
材料	硅质耐酸胶泥	m³	（0.078）	（0.078）	（0.078）
	耐酸板 150×75×20	块	（898.000）	（898.000）	（898.000）
	硫酸 38%	kg	2.000	2.000	2.000
	水	t	0.600	0.600	0.600
	砂轮片 φ150	片	0.100	0.100	0.100
机械	涡浆式混凝土搅拌机 250L	台班	0.500	0.500	0.500
	轴流通风机 7.5kW	台班	0.600	0.600	0.600
	电动单筒慢速卷扬机 30kN	台班	0.500	0.500	0.500

12. 耐酸板 25mm（150×75×25）

工作内容：运料、选砖板、洗砖板、调制胶泥、刷底胶浆、衬砌、养生、酸洗。　　　　　　　　　　计量单位：10m²

	编　号		12-7-34	12-7-35	12-7-36
	项　目		圆形	矩形	锥（塔）形
	名　称	单位	消　耗　量		
人工	合计工日	工日	13.359	11.392	15.888
	其中 普工	工日	4.542	3.873	5.402
	一般技工	工日	7.214	6.152	8.579
	高级技工	工日	1.603	1.367	1.907
材料	硅质耐酸胶泥	m³	（0.080）	（0.080）	（0.080）
	耐酸板 150×75×25	块	（898.000）	（898.000）	（898.000）
	硫酸 38%	kg	2.000	2.000	2.000
	水	t	0.600	0.600	0.600
	砂轮片 φ150	片	0.100	0.100	0.100
机械	涡浆式混凝土搅拌机 250L	台班	0.500	0.500	0.500
	轴流通风机 7.5kW	台班	0.600	0.600	0.600
	电动单筒慢速卷扬机 30kN	台班	0.500	0.500	0.500

13. 耐酸板 20mm（180×90×20）

工作内容：运料、选砖板、洗砖板、调制胶泥、刷底胶浆、衬砌、养生、酸洗。　　　　　　　　计量单位：10m²

编　号			12-7-37	12-7-38	12-7-39
项　目			圆形	矩形	锥（塔）形
名　称		单位	消　耗　量		
人工	合计工日	工日	11.700	9.577	14.037
	其中 普工	工日	3.978	3.256	4.773
	一般技工	工日	6.318	5.172	7.580
	高级技工	工日	1.404	1.149	1.684
材料	硅质耐酸胶泥	m³	（0.075）	（0.075）	（0.075）
	耐酸板 180×90×20	块	（625.000）	（625.000）	（625.000）
	硫酸 38%	kg	2.000	2.000	2.000
	水	t	0.600	0.600	0.600
	砂轮片 φ150	片	0.100	0.100	0.100
机械	涡浆式混凝土搅拌机 250L	台班	0.500	0.500	0.500
	轴流通风机 7.5kW	台班	0.600	0.600	0.600
	电动单筒慢速卷扬机 30kN	台班	0.500	0.500	0.500

14. 耐酸板 10mm（180 × 110 × 10）

工作内容: 运料、选砖板、洗砖板、调制胶泥、刷底胶浆、衬砌、养生、酸洗。 计量单位: 10m²

编　号				12-7-40	12-7-41	12-7-42
项　目				圆形	矩形	锥（塔）形
名　称			单位	消　耗　量		
人工	合计工日		工日	11.838	9.915	14.308
	其中	普工	工日	4.025	3.371	4.865
		一般技工	工日	6.392	5.354	7.726
		高级技工	工日	1.421	1.190	1.717
材料	硅质耐酸胶泥		m³	（0.080）	（0.080）	（0.080）
	耐酸板 180 × 110 × 10		块	（515.000）	（515.000）	（515.000）
	硫酸 38%		kg	2.000	2.000	2.000
	水		t	0.600	0.600	0.600
	砂轮片 φ150		片	0.100	0.100	0.100
机械	涡浆式混凝土搅拌机 250L		台班	0.500	0.500	0.500
	轴流通风机 7.5kW		台班	0.600	0.600	0.600
	电动单筒慢速卷扬机 30kN		台班	0.500	0.500	0.500

15. 耐酸板 15mm（180×110×15）

工作内容：运料、选砖板、洗砖板、调制胶泥、刷底胶浆、衬砌、养生、酸洗。　　　　　　　计量单位：10m²

编　号				12-7-43	12-7-44	12-7-45
项　目				圆形	矩形	锥（塔）形
名　称			单位	消　耗　量		
人工	合计工日		工日	11.859	9.939	14.333
	其中	普工	工日	4.032	3.379	4.873
		一般技工	工日	6.404	5.367	7.740
		高级技工	工日	1.423	1.193	1.720
材料	硅质耐酸胶泥		m³	（0.073）	（0.073）	（0.073）
	耐酸板 180×110×15		块	（515.000）	（515.000）	（515.000）
	硫酸 38%		kg	2.000	2.000	2.000
	水		t	0.600	0.600	0.600
	砂轮片 φ150		片	0.100	0.100	0.100
机械	涡浆式混凝土搅拌机 250L		台班	0.500	0.500	0.500
	轴流通风机 7.5kW		台班	0.600	0.600	0.600
	电动单筒慢速卷扬机 30kN		台班	0.500	0.500	0.500

16. 耐酸板 20mm（180×110×20）

工作内容：运料、选砖板、洗砖板、调制胶泥、刷底胶浆、衬砌、养生、酸洗。　　　　　　　　计量单位：10m²

编　号				12-7-46	12-7-47	12-7-48
项　目				圆形	矩形	锥（塔）形
名　称			单位	消　耗　量		
人工	合计工日		工日	11.894	9.961	14.366
	其中	普工	工日	4.044	3.387	4.884
		一般技工	工日	6.423	5.379	7.758
		高级技工	工日	1.427	1.195	1.724
材料	硅质耐酸胶泥		m³	（0.075）	（0.075）	（0.075）
	耐酸板 180×110×20		块	（515.000）	（515.000）	（515.000）
	硫酸 38%		kg	2.000	2.000	2.000
	水		t	0.600	0.600	0.600
	砂轮片 φ150		片	0.100	0.100	0.100
机械	涡浆式混凝土搅拌机 250L		台班	0.500	0.500	0.500
	轴流通风机 7.5kW		台班	0.600	0.600	0.600
	电动单筒慢速卷扬机 30kN		台班	0.500	0.500	0.500

17. 耐酸板 25mm（180×110×25）

工作内容： 运料、选砖板、洗砖板、调制胶泥、刷底胶浆、衬砌、养生、酸洗。　　　　　　　　计量单位：10m²

编　　号			12-7-49	12-7-50	12-7-51
项　　目			圆形	矩形	锥（塔）形
名　　称		单位	消　耗　量		
人工	合计工日	工日	11.952	10.018	14.424
	其中 普工	工日	4.064	3.406	4.904
	其中 一般技工	工日	6.454	5.410	7.789
	其中 高级技工	工日	1.434	1.202	1.731
材料	硅质耐酸胶泥	m³	（0.078）	（0.078）	（0.078）
	耐酸板 180×110×25	块	（515.000）	（515.000）	（515.000）
	硫酸 38%	kg	2.000	2.000	2.000
	水	t	0.600	0.600	0.600
	砂轮片 φ150	片	0.100	0.100	0.100
机械	涡浆式混凝土搅拌机 250L	台班	0.500	0.500	0.500
	轴流通风机 7.5kW	台班	0.600	0.600	0.600
	电动单筒慢速卷扬机 30kN	台班	0.500	0.500	0.500

18. 耐酸板 30mm（180×110×30）

工作内容：运料、选砖板、洗砖板、调制胶泥、刷底胶浆、衬砌、养生、酸洗。　　　　　　　　　　计量单位：10m²

编　号				12-7-52	12-7-53	12-7-54
项　目				圆形	矩形	锥（塔）形
名　称			单位	消　耗　量		
人工	合计工日		工日	12.009	10.091	14.482
	其中	普工	工日	4.083	3.431	4.924
		一般技工	工日	6.485	5.449	7.820
		高级技工	工日	1.441	1.211	1.738
材料	硅质耐酸胶泥		m³	（0.080）	（0.080）	（0.080）
	耐酸板 180×110×30		块	（515.000）	（515.000）	（515.000）
	硫酸 38%		kg	2.000	2.000	2.000
	水		t	0.600	0.600	0.600
	砂轮片 φ150		片	0.100	0.100	0.100
机械	涡浆式混凝土搅拌机 250L		台班	0.500	0.500	0.500
	轴流通风机 7.5kW		台班	0.600	0.600	0.600
	电动单筒慢速卷扬机 30kN		台班	0.500	0.500	0.500

19. 耐酸板 35mm（180×110×35）

工作内容：运料、选砖板、洗砖板、调制胶泥、刷底胶浆、衬砌、养生、酸洗。 计量单位：10m²

编　号				12-7-55	12-7-56	12-7-57
项　目				圆形	矩形	锥（塔）形
名　称			单位	消　耗　量		
人工	合计工日		工日	12.043	10.124	14.517
	其中	普工	工日	4.095	3.442	4.936
		一般技工	工日	6.503	5.467	7.839
		高级技工	工日	1.445	1.215	1.742
材料	硅质耐酸胶泥		m³	（0.101）	（0.101）	（0.101）
	耐酸板 180×110×35		块	（515.000）	（515.000）	（515.000）
	硫酸 38%		kg	2.000	2.000	2.000
	水		t	0.600	0.600	0.600
	砂轮片 φ150		片	0.100	0.100	0.100
机械	涡浆式混凝土搅拌机 250L		台班	0.500	0.500	0.500
	轴流通风机 7.5kW		台班	0.600	0.600	0.600
	电动单筒慢速卷扬机 30kN		台班	0.500	0.500	0.500

20. 耐酸板 15mm（200×100×15）

工作内容：运料、选砖板、洗砖板、调制胶泥、刷底胶浆、衬砌、养生、酸洗。　　　　　　计量单位：10m²

编　号			12-7-58	12-7-59	12-7-60
项　目			圆形	矩形	锥（塔）形
名　称		单位	消　耗　量		
人工		合计工日	工日	11.843	9.915	14.322
人工	其中	普工	工日	4.027	3.371	4.869
人工	其中	一般技工	工日	6.395	5.354	7.734
人工	其中	高级技工	工日	1.421	1.190	1.719
材料		硅质耐酸胶泥	m³	（0.075）	（0.075）	（0.075）
材料		耐酸板 200×100×15	块	（508.000）	（508.000）	（508.000）
材料		硫酸 38%	kg	2.000	2.000	2.000
材料		水	t	0.600	0.600	0.600
材料		砂轮片 φ150	片	0.100	0.100	0.100
机械		涡浆式混凝土搅拌机 250L	台班	0.500	0.500	0.500
机械		轴流通风机 7.5kW	台班	0.600	0.600	0.600
机械		电动单筒慢速卷扬机 30kN	台班	0.500	0.500	0.500

21. 耐酸板 20mm（200×100×20）

工作内容：运料、选砖板、洗砖板、调制胶泥、刷底胶浆、衬砌、养生、酸洗。　　　　　　计量单位：10m²

编　　号				12-7-61	12-7-62	12-7-63
项　　目				圆形	矩形	锥（塔）形
名　　称			单位	消　耗　量		
人工	合计工日		工日	11.877	9.950	14.361
	其中	普工	工日	4.038	3.383	4.883
		一般技工	工日	6.414	5.373	7.755
		高级技工	工日	1.425	1.194	1.723
材料	硅质耐酸胶泥		m³	（0.075）	（0.075）	（0.075）
	耐酸板 200×100×20		块	（508.000）	（508.000）	（508.000）
	硫酸 38%		kg	2.000	2.000	2.000
	水		t	0.600	0.600	0.600
	砂轮片 ϕ150		片	0.100	0.100	0.100
机械	涡浆式混凝土搅拌机 250L		台班	0.500	0.500	0.500
	轴流通风机 7.5kW		台班	0.600	0.600	0.600
	电动单筒慢速卷扬机 30kN		台班	0.500	0.500	0.500

22. 耐酸板 25mm（200×100×25）

工作内容：运料、选砖板、洗砖板、调制胶泥、刷底胶浆、衬砌、养生、酸洗。　　　　　　　计量单位：10m²

编　　号				12-7-64	12-7-65	12-7-66
项　　目				圆形	矩形	锥（塔）形
名　　称			单位	消　耗　量		
人工	合计工日		工日	11.935	10.008	14.417
	其中	普工	工日	4.058	3.403	4.902
		一般技工	工日	6.445	5.404	7.785
		高级技工	工日	1.432	1.201	1.730
材料	硅质耐酸胶泥		m³	（0.076）	（0.076）	（0.076）
	耐酸板 200×100×25		块	（508.000）	（508.000）	（508.000）
	硫酸 38%		kg	2.000	2.000	2.000
	水		t	0.600	0.600	0.600
	砂轮片 φ150		片	0.100	0.100	0.100
机械	涡浆式混凝土搅拌机 250L		台班	0.500	0.500	0.500
	轴流通风机 7.5kW		台班	0.600	0.600	0.600
	电动单筒慢速卷扬机 30kN		台班	0.500	0.500	0.500

23. 耐酸板 30mm（200×100×30）

工作内容：运料、选砖板、洗砖板、调制胶泥、刷底胶浆、衬砌、养生、酸洗。   计量单位：10m²

编 号			12-7-67	12-7-68	12-7-69
项 目			圆形	矩形	锥（塔）形
名 称		单位	消 耗 量		
人工		合计工日	工日	11.993	10.063	14.472

			单位			
人工	其中	普工	工日	4.078	3.421	4.920
		一般技工	工日	6.476	5.434	7.815
		高级技工	工日	1.439	1.208	1.737
材料		硅质耐酸胶泥	m³	（0.080）	（0.080）	（0.080）
		耐酸板 200×100×30	块	（508.000）	（508.000）	（508.000）
		硫酸 38%	kg	2.000	2.000	2.000
		水	t	0.600	0.600	0.600
		砂轮片 φ150	片	0.100	0.100	0.100
机械		涡浆式混凝土搅拌机 250L	台班	0.500	0.500	0.500
		轴流通风机 7.5kW	台班	0.600	0.600	0.600
		电动单筒慢速卷扬机 30kN	台班	0.500	0.500	0.500

24. 耐酸板 15mm（150×150×15）

工作内容：运料、选砖板、洗砖板、调制胶泥、刷底胶浆、衬砌、养生、酸洗。　　　　　　计量单位：10m²

编　号			12-7-70	12-7-71	12-7-72
项　目			圆形	矩形	锥（塔）形
名　称		单位	消　耗　量		
人工	合计工日	工日	11.582	9.637	14.168
	其中 普工	工日	3.938	3.277	4.817
	一般技工	工日	6.254	5.204	7.651
	高级技工	工日	1.390	1.156	1.700
材料	硅质耐酸胶泥	m³	（0.073）	（0.073）	（0.073）
	耐酸板 150×150×15	块	（455.000）	（455.000）	（455.000）
	硫酸 38%	kg	2.000	2.000	2.000
	水	t	0.600	0.600	0.600
	砂轮片 φ150	片	0.100	0.100	0.100
机械	涡浆式混凝土搅拌机 250L	台班	0.500	0.500	0.500
	轴流通风机 7.5kW	台班	0.600	0.600	0.600
	电动单筒慢速卷扬机 30kN	台班	0.500	0.500	0.500

25. 耐酸板 20mm（150×150×20）

工作内容：运料、选砖板、洗砖板、调制胶泥、刷底胶浆、衬砌、养生、酸洗。　　　　　　　计量单位：10m²

		编　号		12-7-73	12-7-74	12-7-75
		项　目		圆形	矩形	锥（塔）形
		名　称	单位	消　耗　量		
人工		合计工日	工日	11.639	9.696	14.226
	其中	普工	工日	3.957	3.297	4.837
		一般技工	工日	6.285	5.236	7.682
		高级技工	工日	1.397	1.163	1.707
材料		硅质耐酸胶泥	m³	（0.075）	（0.075）	（0.075）
		耐酸板 150×150×20	块	（455.000）	（455.000）	（455.000）
		硫酸 38%	kg	2.000	2.000	2.000
		水	t	0.600	0.600	0.600
		砂轮片 φ150	片	0.100	0.100	0.100
机械		涡浆式混凝土搅拌机 250L	台班	0.500	0.500	0.500
		轴流通风机 7.5kW	台班	0.600	0.600	0.600
		电动单筒慢速卷扬机 30kN	台班	0.500	0.500	0.500

26. 耐酸板 25mm（150×150×25）

工作内容：运料、选砖板、洗砖板、调制胶泥、刷底胶浆、衬砌、养生、酸洗。　　　　　　　　计量单位：10m²

编　号			12-7-76	12-7-77	12-7-78
项　目			圆形	矩形	锥（塔）形
名　称		单位	消　耗　量		
人工	合计工日	工日	11.686	9.318	14.273
	其中 普工	工日	3.973	3.168	4.853
	一般技工	工日	6.311	5.032	7.707
	高级技工	工日	1.402	1.118	1.713
材料	硅质耐酸胶泥	m³	（0.076）	（0.076）	（0.076）
	耐酸板 150×150×25	块	（455.000）	（455.000）	（455.000）
	硫酸 38%	kg	2.000	2.000	2.000
	水	t	0.600	0.600	0.600
	砂轮片 φ150	片	0.100	0.100	0.100
机械	涡浆式混凝土搅拌机 250L	台班	0.500	0.500	0.500
	轴流通风机 7.5kW	台班	0.600	0.600	0.600
	电动单筒慢速卷扬机 30kN	台班	0.500	0.500	0.500

27. 耐酸板 30mm（150×150×30）

工作内容：运料、选砖板、洗砖板、调制胶泥、刷底胶浆、衬砌、养生、酸洗。　　　　　　计量单位：10m²

编　号				12-7-79	12-7-80	12-7-81
项　目				圆形	矩形	锥（塔）形
名　称			单位	消　耗　量		
人工	合计工日		工日	11.756	10.643	14.341
	其中	普工	工日	3.997	3.619	4.876
		一般技工	工日	6.348	5.747	7.744
		高级技工	工日	1.411	1.277	1.721
材料	硅质耐酸胶泥		m³	（0.080）	（0.080）	（0.080）
	耐酸板 150×150×30		块	（455.000）	（455.000）	（455.000）
	硫酸 38%		kg	2.000	2.000	2.000
	水		t	0.600	0.600	0.600
	砂轮片 ϕ150		片	0.100	0.100	0.100
机械	涡浆式混凝土搅拌机 250L		台班	0.500	0.500	0.500
	轴流通风机 7.5kW		台班	0.600	0.600	0.600
	电动单筒慢速卷扬机 30kN		台班	0.500	0.500	0.500

28. 耐酸板 35mm（150×150×35）

工作内容：运料、选砖板、洗砖板、调制胶泥、刷底胶浆、衬砌、养生、酸洗。　　　　　　　　　　　计量单位：10m²

编　　号			12-7-82	12-7-83	12-7-84
项　　目			圆形	矩形	锥（塔）形
名　　称		单位	消　耗　量		
人工	合计工日	工日	11.814	9.870	14.400
	其中 普工	工日	4.017	3.356	4.896
	一般技工	工日	6.379	5.330	7.776
	高级技工	工日	1.418	1.184	1.728
材料	硅质耐酸胶泥	m³	（0.105）	（0.105）	（0.105）
	耐酸板 150×150×35	块	（455.000）	（455.000）	（455.000）
	硫酸 38%	kg	2.000	2.000	2.000
	水	t	0.600	0.600	0.600
	砂轮片 φ150	片	0.100	0.100	0.100
机械	涡浆式混凝土搅拌机 250L	台班	0.500	0.500	0.500
	轴流通风机 7.5kW	台班	0.600	0.600	0.600
	电动单筒慢速卷扬机 30kN	台班	0.500	0.500	0.500

二、树脂胶泥砌块材

1. 耐酸砖 230mm（230×113×65）

工作内容：运料、选砖板、洗砖板、调制胶泥、刷底胶浆、衬砌、养生。　　　　　　　计量单位：10m²

编　号				12-7-85	12-7-86	12-7-87
项　目				圆形	矩形	锥（塔）形
名　称			单位	消　耗　量		
人工	合计工日		工日	30.667	27.276	35.973
	其中	普工	工日	10.427	9.274	12.231
		一般技工	工日	16.560	14.729	19.425
		高级技工	工日	3.680	3.273	4.317
材料	树脂耐酸胶泥		m³	（0.290）	（0.290）	（0.290）
	耐酸瓷砖 230×113×65		块	（1 333.000）	（1 333.000）	（1 333.000）
	水		t	1.620	1.620	1.620
	砂轮片 φ150		片	0.100	0.100	0.100
机械	涡浆式混凝土搅拌机 250L		台班	1.050	1.050	1.050
	轴流通风机 7.5kW		台班	0.600	0.600	0.600
	电动单筒慢速卷扬机 30kN		台班	0.500	0.500	0.500

2. 耐酸砖 113mm（230×113×65）

工作内容：运料、选砖板、洗砖板、调制胶泥、刷底胶浆、衬砌、养生。　　　　　　　计量单位：10m²

编　号				12-7-88	12-7-89	12-7-90
项　目				圆形	矩形	锥（塔）形
名　称			单位	消　耗　量		
人工	合计工日		工日	17.841	15.591	19.577
	其中	普工	工日	6.066	5.301	6.656
		一般技工	工日	9.634	8.419	10.572
		高级技工	工日	2.141	1.871	2.349
材料	树脂耐酸胶泥		m³	（0.155）	（0.155）	（0.155）
	耐酸瓷砖 230×113×65		块	（665.000）	（665.000）	（665.000）
	水		t	0.800	0.800	0.800
	砂轮片 φ150		片	0.100	0.100	0.100
机械	涡浆式混凝土搅拌机 250L		台班	0.600	0.600	0.600
	轴流通风机 7.5kW		台班	0.600	0.600	0.600
	电动单筒慢速卷扬机 30kN		台班	0.500	0.500	0.500

3. 耐酸砖 65mm（230×113×65）

工作内容： 运料、选砖板、洗砖板、调制胶泥、刷底胶浆、衬砌、养生。　　　　　　　　　计量单位：10m²

编　　号			12-7-91	12-7-92	12-7-93
项　　目			圆形	矩形	锥（塔）形
名　　称		单位	消　耗　量		
人工	合计工日		工日	11.530	10.170	12.417
	其中	普工	工日	3.920	3.458	4.222
		一般技工	工日	6.226	5.492	6.705
		高级技工	工日	1.384	1.220	1.490
材料	树脂耐酸胶泥		m³	（0.110）	（0.110）	（0.110）
	耐酸瓷砖 230×113×65		块	（389.000）	（389.000）	（389.000）
	水		t	0.500	0.500	0.500
	砂轮片 φ150		片	0.100	0.100	0.100
机械	涡浆式混凝土搅拌机 250L		台班	0.500	0.500	0.500
	轴流通风机 7.5kW		台班	0.600	0.600	0.600
	电动单筒慢速卷扬机 30kN		台班	0.500	0.500	0.500

4. 耐酸板 10mm（100×50×10）

工作内容： 运料、选砖板、洗砖板、调制胶泥、刷底胶浆、衬砌、养生。　　　　　　　　　计量单位：10m²

编　　号			12-7-94	12-7-95	12-7-96
项　　目			圆形	矩形	锥（塔）形
名　　称		单位	消　耗　量		
人工	合计工日		工日	15.748	12.959	19.257
	其中	普工	工日	5.354	4.406	6.547
		一般技工	工日	8.504	6.998	10.399
		高级技工	工日	1.890	1.555	2.311
材料	树脂耐酸胶泥		m³	（0.083）	（0.083）	（0.083）
	耐酸板 100×50×10		块	（1 972.000）	（1 972.000）	（1 972.000）
	水		t	0.600	0.600	0.600
	砂轮片 φ150		片	0.100	0.100	0.100
机械	涡浆式混凝土搅拌机 250L		台班	0.500	0.500	0.500
	轴流通风机 7.5kW		台班	0.600	0.600	0.600
	电动单筒慢速卷扬机 30kN		台班	0.500	0.500	0.500

5. 耐酸板 10mm（100×75×10）

工作内容： 运料、选砖板、洗砖板、调制胶泥、刷底胶浆、衬砌、养生。 计量单位：10m²

编　号				12-7-97	12-7-98	12-7-99
项　目				圆形	矩形	锥（塔）形
名　称			单位	消　耗　量		
人工	合计工日		工日	15.732	13.318	18.524
	其中	普工	工日	5.349	4.528	6.298
		一般技工	工日	8.495	7.192	10.003
		高级技工	工日	1.888	1.598	2.223
材料	树脂耐酸胶泥		m³	（0.081）	（0.081）	（0.081）
	耐酸砖（板）100×75×10		块	（1 335.000）	（1 335.000）	（1 335.000）
	水		t	0.600	0.600	0.600
	砂轮片 φ150		片	0.100	0.100	0.100
机械	涡浆式混凝土搅拌机 250L		台班	0.500	0.500	0.500
	轴流通风机 7.5kW		台班	0.600	0.600	0.600
	电动单筒慢速卷扬机 30kN		台班	0.500	0.500	0.500

6. 耐酸板 10mm（75×75×10）

工作内容： 运料、选砖板、洗砖板、调制胶泥、刷底胶浆、衬砌、养生。 计量单位：10m²

编　号				12-7-100	12-7-101	12-7-102
项　目				圆形	矩形	锥（塔）形
名　称			单位	消　耗　量		
人工	合计工日		工日	15.635	13.072	19.006
	其中	普工	工日	5.316	4.444	6.462
		一般技工	工日	8.443	7.059	10.263
		高级技工	工日	1.876	1.569	2.281
材料	树脂耐酸胶泥		m³	（0.082）	（0.082）	（0.082）
	耐酸板 75×75×10		块	（1 767.000）	（1 767.000）	（1 767.000）
	水		t	0.600	0.600	0.600
	砂轮片 φ150		片	0.100	0.100	0.100
机械	涡浆式混凝土搅拌机 250L		台班	0.500	0.500	0.500
	轴流通风机 7.5kW		台班	0.600	0.600	0.600
	电动单筒慢速卷扬机 30kN		台班	0.500	0.500	0.500

7. 耐酸板 10mm（100×100×10）

工作内容：运料、选砖板、洗砖板、调制胶泥、刷底胶浆、衬砌、养生。　　　　　　　　　计量单位：10m²

编　　号				12-7-103	12-7-104	12-7-105
项　　目				圆形	矩形	锥（塔）形
名　　称			单位	消　耗　量		
人工	合计工日		工日	15.344	12.918	18.047
	其中	普工	工日	5.217	4.392	6.136
		一般技工	工日	8.286	6.976	9.745
		高级技工	工日	1.841	1.550	2.166
材料	树脂耐酸胶泥		m³	（0.080）	（0.080）	（0.080）
	耐酸板 100×100×10		块	（1 010.000）	（1 010.000）	（1 010.000）
	水		t	0.600	0.600	0.600
	砂轮片 φ150		片	0.100	0.100	0.100
机械	涡浆式混凝土搅拌机 250L		台班	0.500	0.500	0.500
	轴流通风机 7.5kW		台班	0.600	0.600	0.600
	电动单筒慢速卷扬机 30kN		台班	0.500	0.500	0.500

8. 耐酸板 10mm（150×70×10）

工作内容：运料、选砖板、洗砖板、调制胶泥、刷底胶浆、衬砌、养生。　　　　　　　　　计量单位：10m²

编　　号				12-7-106	12-7-107	12-7-108
项　　目				圆形	矩形	锥（塔）形
名　　称			单位	消　耗　量		
人工	合计工日		工日	13.535	11.602	16.086
	其中	普工	工日	4.602	3.945	5.469
		一般技工	工日	7.309	6.265	8.687
		高级技工	工日	1.624	1.392	1.930
材料	树脂耐酸胶泥		m³	（0.080）	（0.080）	（0.080）
	耐酸板 150×70×10		块	（959.000）	（959.000）	（959.000）
	水		t	0.600	0.600	0.600
	砂轮片 φ150		片	0.100	0.100	0.100
机械	涡浆式混凝土搅拌机 250L		台班	0.500	0.500	0.500
	轴流通风机 7.5kW		台班	0.600	0.600	0.600
	电动单筒慢速卷扬机 30kN		台班	0.500	0.500	0.500

9. 耐酸板 10mm (150 × 75 × 10)

工作内容: 运料、选砖板、洗砖板、调制胶泥、刷底胶浆、衬砌、养生。 　　　　　　　　计量单位:10m²

	编　号		12-7-109	12-7-110	12-7-111
	项　目		圆形	矩形	锥(塔)形
	名　称	单位	消　耗　量		
人工	合计工日	工日	13.183	11.250	16.232
	其中　普工	工日	4.482	3.825	5.519
	一般技工	工日	7.119	6.075	8.765
	高级技工	工日	1.582	1.350	1.948
材料	树脂耐酸胶泥	m³	(0.080)	(0.080)	(0.080)
	耐酸板 150×75×10	块	(898.000)	(898.000)	(898.000)
	水	t	0.600	0.600	0.600
	砂轮片 φ150	片	0.100	0.100	0.100
机械	涡浆式混凝土搅拌机 250L	台班	0.500	0.500	0.500
	轴流通风机 7.5kW	台班	0.600	0.600	0.600
	电动单筒慢速卷扬机 30kN	台班	0.500	0.500	0.500

10. 耐酸板 15mm (150 × 75 × 15)

工作内容: 运料、选砖板、洗砖板、调制胶泥、刷底胶浆、衬砌、养生。 　　　　　　　　计量单位:10m²

	编　号		12-7-112	12-7-113	12-7-114
	项　目		圆形	矩形	锥(塔)形
	名　称	单位	消　耗　量		
人工	合计工日	工日	13.207	11.272	15.835
	其中　普工	工日	4.490	3.832	5.384
	一般技工	工日	7.132	6.087	8.551
	高级技工	工日	1.585	1.353	1.900
材料	树脂耐酸胶泥	m³	(0.083)	(0.083)	(0.083)
	耐酸板 150×75×15	块	(898.000)	(898.000)	(898.000)
	水	t	0.600	0.600	0.600
	砂轮片 φ150	片	0.100	0.100	0.100
机械	涡浆式混凝土搅拌机 250L	台班	0.500	0.500	0.500
	轴流通风机 7.5kW	台班	0.600	0.600	0.600
	电动单筒慢速卷扬机 30kN	台班	0.500	0.500	0.500

11. 耐酸板 20mm (150×75×20)

工作内容: 运料、选砖板、洗砖板、调制胶泥、刷底胶浆、衬砌、养生。 计量单位:10m²

	编 号		12-7-115	12-7-116	12-7-117
	项 目		圆形	矩形	锥(塔)形
	名 称	单位	消 耗 量		
人工	合计工日	工日	13.242	11.333	15.893
	其中 普工	工日	4.502	3.853	5.404
	一般技工	工日	7.151	6.120	8.582
	高级技工	工日	1.589	1.360	1.907
材料	树脂耐酸胶泥	m³	(0.086)	(0.086)	(0.086)
	耐酸板 150×75×20	块	(898.000)	(898.000)	(898.000)
	水	t	0.600	0.600	0.600
	砂轮片 φ150	片	0.100	0.100	0.100
机械	涡浆式混凝土搅拌机 250L	台班	0.500	0.500	0.500
	轴流通风机 7.5kW	台班	0.600	0.600	0.600
	电动单筒慢速卷扬机 30kN	台班	0.500	0.500	0.500

12. 耐酸板 25mm (150×75×25)

工作内容: 运料、选砖板、洗砖板、调制胶泥、刷底胶浆、衬砌、养生。 计量单位:10m²

	编 号		12-7-118	12-7-119	12-7-120
	项 目		圆形	矩形	锥(塔)形
	名 称	单位	消 耗 量		
人工	合计工日	工日	13.308	11.380	16.023
	其中 普工	工日	4.525	3.869	5.448
	一般技工	工日	7.186	6.145	8.652
	高级技工	工日	1.597	1.366	1.923
材料	树脂耐酸胶泥	m³	(0.089)	(0.089)	(0.089)
	耐酸板 150×75×25	块	(898.000)	(898.000)	(898.000)
	水	t	0.600	0.600	0.600
	砂轮片 φ150	片	0.100	0.100	0.100
机械	涡浆式混凝土搅拌机 250L	台班	0.500	0.500	0.500
	轴流通风机 7.5kW	台班	0.600	0.600	0.600
	电动单筒慢速卷扬机 30kN	台班	0.500	0.500	0.500

13. 耐酸板 20mm（180 × 90 × 20）

工作内容：运料、选砖板、洗砖板、调制胶泥、刷底胶浆、衬砌、养生。 计量单位：10m²

编 号				12-7-121	12-7-122	12-7-123
项 目				圆形	矩形	锥（塔）形
名 称			单位	消 耗 量		
人工	合计工日		工日	11.834	9.630	14.143
	其中	普工	工日	4.024	3.274	4.809
		一般技工	工日	6.390	5.200	7.637
		高级技工	工日	1.420	1.156	1.697
材料	树脂耐酸胶泥		m³	（0.084）	（0.084）	（0.084）
	耐酸板 180 × 90 × 20		块	（625.000）	（625.000）	（625.000）
	水		t	0.600	0.600	0.600
	砂轮片 φ150		片	0.100	0.100	0.100
机械	涡浆式混凝土搅拌机 250L		台班	0.500	0.500	0.500
	轴流通风机 7.5kW		台班	0.600	0.600	0.600
	电动单筒慢速卷扬机 30kN		台班	0.500	0.500	0.500

14. 耐酸板 10mm（180 × 110 × 10）

工作内容：运料、选砖板、洗砖板、调制胶泥、刷底胶浆、衬砌、养生。 计量单位：10m²

编 号				12-7-124	12-7-125	12-7-126
项 目				圆形	矩形	锥（塔）形
名 称			单位	消 耗 量		
人工	合计工日		工日	11.880	9.782	14.522
	其中	普工	工日	4.039	3.326	4.937
		一般技工	工日	6.415	5.282	7.842
		高级技工	工日	1.426	1.174	1.743
材料	树脂耐酸胶泥		m³	（0.088）	（0.088）	（0.088）
	耐酸板 180 × 110 × 10		块	（515.000）	（515.000）	（515.000）
	水		t	0.600	0.600	0.600
	砂轮片 φ150		片	0.100	0.100	0.100
机械	涡浆式混凝土搅拌机 250L		台班	0.500	0.500	0.500
	轴流通风机 7.5kW		台班	0.600	0.600	0.600
	电动单筒慢速卷扬机 30kN		台班	0.500	0.500	0.500

15. 耐酸板 15mm（180×110×15）

工作内容：运料、选砖板、洗砖板、调制胶泥、刷底胶浆、衬砌、养生。　　　　　　　　计量单位：10m²

编　号				12-7-127	12-7-128	12-7-129
项　目				圆形	矩形	锥（塔）形
名　　称			单位	消　耗　量		
人工	合计工日		工日	11.880	9.778	14.522
	其中	普工	工日	4.039	3.325	4.937
		一般技工	工日	6.415	5.280	7.842
		高级技工	工日	1.426	1.173	1.743
材料	树脂耐酸胶泥		m³	（0.081）	（0.081）	（0.081）
	耐酸板 180×110×15		块	（515.000）	（515.000）	（515.000）
	水		t	0.600	0.600	0.600
	砂轮片 φ150		片	0.100	0.100	0.100
机械	涡浆式混凝土搅拌机 250L		台班	0.500	0.500	0.500
	轴流通风机 7.5kW		台班	0.600	0.600	0.600
	电动单筒慢速卷扬机 30kN		台班	0.500	0.500	0.500

16. 耐酸板 20mm（180×110×20）

工作内容：运料、选砖板、洗砖板、调制胶泥、刷底胶浆、衬砌、养生。　　　　　　　　计量单位：10m²

编　号				12-7-130	12-7-131	12-7-132
项　目				圆形	矩形	锥（塔）形
名　　称			单位	消　耗　量		
人工	合计工日		工日	11.941	9.832	14.578
	其中	普工	工日	4.060	3.343	4.957
		一般技工	工日	6.448	5.309	7.872
		高级技工	工日	1.433	1.180	1.749
材料	树脂耐酸胶泥		m³	（0.083）	（0.083）	（0.083）
	耐酸板 180×110×20		块	（515.000）	（515.000）	（515.000）
	水		t	0.600	0.600	0.600
	砂轮片 φ150		片	0.100	0.100	0.100
机械	涡浆式混凝土搅拌机 250L		台班	0.500	0.500	0.500
	轴流通风机 7.5kW		台班	0.600	0.600	0.600
	电动单筒慢速卷扬机 30kN		台班	0.500	0.500	0.500

17. 耐酸板 25mm（180×110×25）

工作内容：运料、选砖板、洗砖板、调制胶泥、刷底胶浆、衬砌、养生。　　　　　　　　　　　　计量单位：10m²

编　号			12-7-133	12-7-134	12-7-135
项　目			圆形	矩形	锥（塔）形
名　称		单位	消　耗　量		
人工	合计工日	工日	11.994	13.692	14.636
	其中　普工	工日	4.078	4.655	4.976
	一般技工	工日	6.477	7.394	7.904
	高级技工	工日	1.439	1.643	1.756
材料	树脂耐酸胶泥	m³	（0.075）	（0.075）	（0.075）
	耐酸板 180×110×25	块	（515.000）	（515.000）	（515.000）
	水	t	0.600	0.600	0.600
	砂轮片 φ150	片	0.100	0.100	0.100
机械	涡浆式混凝土搅拌机 250L	台班	0.500	0.500	0.500
	轴流通风机 7.5kW	台班	0.600	0.600	0.600
	电动单筒慢速卷扬机 30kN	台班	0.500	0.500	0.500

18. 耐酸板 30mm（180×110×30）

工作内容：运料、选砖板、洗砖板、调制胶泥、刷底胶浆、衬砌、养生。　　　　　　　　　　　　计量单位：10m²

编　号			12-7-136	12-7-137	12-7-138
项　目			圆形	矩形	锥（塔）形
名　称		单位	消　耗　量		
人工	合计工日	工日	12.053	9.948	14.694
	其中　普工	工日	4.098	3.382	4.996
	一般技工	工日	6.509	5.372	7.935
	高级技工	工日	1.446	1.194	1.763
材料	树脂耐酸胶泥	m³	（0.088）	（0.088）	（0.088）
	耐酸板 180×110×30	块	（515.000）	（515.000）	（515.000）
	水	t	0.600	0.600	0.600
	砂轮片 φ150	片	0.100	0.100	0.100
机械	涡浆式混凝土搅拌机 250L	台班	0.500	0.500	0.500
	轴流通风机 7.5kW	台班	0.600	0.600	0.600
	电动单筒慢速卷扬机 30kN	台班	0.500	0.500	0.500

19. 耐酸板 35mm（180×110×35）

工作内容： 运料、选砖板、洗砖板、调制胶泥、刷底胶浆、衬砌、养生。　　　　　计量单位：10m²

编　号			12-7-139	12-7-140	12-7-141
项　目			圆形	矩形	锥（塔）形
名　称		单位	消　耗　量		
人工	合计工日	工日	12.087	9.982	14.728
	其中 普工	工日	4.110	3.394	5.008
	一般技工	工日	6.527	5.390	7.953
	高级技工	工日	1.450	1.198	1.767
材料	树脂耐酸胶泥	m³	(0.092)	(0.092)	(0.092)
	耐酸板 180×110×35	块	(515.000)	(515.000)	(515.000)
	水	t	0.600	0.600	0.600
	砂轮片 φ150	片	0.100	0.100	0.100
机械	涡浆式混凝土搅拌机 250L	台班	0.500	0.500	0.500
	轴流通风机 7.5kW	台班	0.600	0.600	0.600
	电动单筒慢速卷扬机 30kN	台班	0.500	0.500	0.500

20. 耐酸板 15mm（200×100×15）

工作内容： 运料、选砖板、洗砖板、调制胶泥、刷底胶浆、衬砌、养生。　　　　　计量单位：10m²

编　号			12-7-142	12-7-143	12-7-144
项　目			圆形	矩形	锥（塔）形
名　称		单位	消　耗　量		
人工	合计工日	工日	11.879	10.191	14.538
	其中 普工	工日	4.039	3.465	4.943
	一般技工	工日	6.415	5.503	7.850
	高级技工	工日	1.425	1.223	1.745
材料	树脂耐酸胶泥	m³	(0.081)	(0.081)	(0.081)
	耐酸板 180×110×15	块	(508.000)	(508.000)	(508.000)
	水	t	0.600	0.600	0.600
	砂轮片 φ150	片	0.100	0.100	0.100
机械	涡浆式混凝土搅拌机 250L	台班	0.500	0.500	0.500
	轴流通风机 7.5kW	台班	0.600	0.600	0.600
	电动单筒慢速卷扬机 30kN	台班	0.500	0.500	0.500

21. 耐酸板 20mm（200×100×20）

工作内容：运料、选砖板、洗砖板、调制胶泥、刷底胶浆、衬砌、养生。　　　　　　　　　　计量单位：10m²

编　号			12-7-145	12-7-146	12-7-147
项　目			圆形	矩形	锥（塔）形
名　称		单位	消　耗　量		
人工	合计工日	工日	11.933	9.811	14.572
	其中 普工	工日	4.057	3.336	4.954
	一般技工	工日	6.444	5.298	7.869
	高级技工	工日	1.432	1.177	1.749
材料	树脂耐酸胶泥	m³	（0.083）	（0.083）	（0.083）
	耐酸板 200×100×20	块	（508.000）	（508.000）	（508.000）
	水	t	0.600	0.600	0.600
	砂轮片 φ150	片	0.100	0.100	0.100
机械	涡浆式混凝土搅拌机 250L	台班	0.500	0.500	0.500
	轴流通风机 7.5kW	台班	0.600	0.600	0.600
	电动单筒慢速卷扬机 30kN	台班	0.500	0.500	0.500

22. 耐酸板 25mm（200×100×25）

工作内容：运料、选砖板、洗砖板、调制胶泥、刷底胶浆、衬砌、养生。　　　　　　　　　　计量单位：10m²

编　号			12-7-148	12-7-149	12-7-150
项　目			圆形	矩形	锥（塔）形
名　称		单位	消　耗　量		
人工	合计工日	工日	12.197	9.870	14.626
	其中 普工	工日	4.147	3.356	4.973
	一般技工	工日	6.586	5.330	7.898
	高级技工	工日	1.464	1.184	1.755
材料	树脂耐酸胶泥	m³	（0.086）	（0.086）	（0.082）
	耐酸板 200×100×25	块	（508.000）	（508.000）	（508.000）
	水	t	0.600	0.600	0.600
	砂轮片 φ150	片	0.100	0.100	0.100
机械	涡浆式混凝土搅拌机 250L	台班	0.500	0.500	0.500
	轴流通风机 7.5kW	台班	0.600	0.600	0.600
	电动单筒慢速卷扬机 30kN	台班	0.500	0.500	0.500

23. 耐酸板 30mm（200×100×30）

工作内容：运料、选砖板、洗砖板、调制胶泥、刷底胶浆、衬砌、养生。 计量单位：10m²

	编　号		12-7-151	12-7-152	12-7-153
	项　目		圆形	矩形	锥（塔）形
	名　称	单位	消　耗　量		
人工	合计工日	工日	12.463	9.929	14.685
	其中 普工	工日	4.237	3.376	4.993
	一般技工	工日	6.730	5.362	7.930
	高级技工	工日	1.496	1.191	1.762
材料	树脂耐酸胶泥	m³	（0.088）	（0.088）	（0.088）
	耐酸板 200×100×30	块	（508.000）	（508.000）	（508.000）
	水	t	0.600	0.600	0.600
	砂轮片 φ150	片	0.100	0.100	0.100
机械	涡浆式混凝土搅拌机 250L	台班	0.500	0.500	0.500
	轴流通风机 7.5kW	台班	0.600	0.600	0.600
	电动单筒慢速卷扬机 30kN	台班	0.500	0.500	0.500

24. 耐酸板 15mm（150×150×15）

工作内容：运料、选砖板、洗砖板、调制胶泥、刷底胶浆、衬砌、养生。 计量单位：10m²

	编　号		12-7-154	12-7-155	12-7-156
	项　目		圆形	矩形	锥（塔）形
	名　称	单位	消　耗　量		
人工	合计工日	工日	11.578	9.528	14.241
	其中 普工	工日	3.937	3.240	4.842
	一般技工	工日	6.252	5.145	7.690
	高级技工	工日	1.389	1.143	1.709
材料	树脂耐酸胶泥	m³	（0.080）	（0.080）	（0.080）
	耐酸板 150×150×15	块	（455.000）	（455.000）	（455.000）
	水	t	0.600	0.600	0.600
	砂轮片 φ150	片	0.100	0.100	0.100
机械	涡浆式混凝土搅拌机 250L	台班	0.500	0.500	0.500
	轴流通风机 7.5kW	台班	0.600	0.600	0.600
	电动单筒慢速卷扬机 30kN	台班	0.500	0.500	0.500

25. 耐酸板 20mm（150×150×20）

工作内容：运料、选砖板、洗砖板、调制胶泥、刷底胶浆、衬砌、养生。 　　　　　计量单位：10m²

编 号				12-7-157	12-7-158	12-7-159
项 目				圆形	矩形	锥（塔）形
名 称			单位	消 耗 量		
人工	合计工日		工日	11.635	9.587	14.297
	其中	普工	工日	3.956	3.260	4.861
		一般技工	工日	6.283	5.177	7.720
		高级技工	工日	1.396	1.150	1.716
材料	树脂耐酸胶泥		m³	（0.082）	（0.082）	（0.082）
	耐酸板 150×150×20		块	（455.000）	（455.000）	（455.000）
	水		t	0.600	0.600	0.600
	砂轮片 φ150		片	0.100	0.100	0.100
机械	涡浆式混凝土搅拌机 250L		台班	0.500	0.500	0.500
	轴流通风机 7.5kW		台班	0.600	0.600	0.600
	电动单筒慢速卷扬机 30kN		台班	0.500	0.500	0.500

26. 耐酸板 25mm（150×150×25）

工作内容：运料、选砖板、洗砖板、调制胶泥、刷底胶浆、衬砌、养生。 　　　　　计量单位：10m²

编 号				12-7-160	12-7-161	12-7-162
项 目				圆形	矩形	锥（塔）形
名 称			单位	消 耗 量		
人工	合计工日		工日	11.686	9.628	14.339
	其中	普工	工日	3.973	3.274	4.875
		一般技工	工日	6.311	5.199	7.743
		高级技工	工日	1.402	1.155	1.721
材料	树脂耐酸胶泥		m³	（0.084）	（0.084）	（0.084）
	耐酸板 150×150×25		块	（455.000）	（455.000）	（455.000）
	水		t	0.600	0.600	0.600
	砂轮片 φ150		片	0.100	0.100	0.100
机械	涡浆式混凝土搅拌机 250L		台班	0.500	0.500	0.500
	轴流通风机 7.5kW		台班	0.600	0.600	0.600
	电动单筒慢速卷扬机 30kN		台班	0.500	0.500	0.500

27. 耐酸板 30mm（150×150×30）

工作内容： 运料、选砖板、洗砖板、调制胶泥、刷底胶浆、衬砌、养生。　　　　　　　　　　计量单位：10m²

编　号			12-7-163	12-7-164	12-7-165
项　目			圆形	矩形	锥（塔）形
名　称		单位	消　耗　量		
人工	合计工日	工日	11.753	9.696	14.408
	其中 普工	工日	3.996	3.297	4.899
	一般技工	工日	6.347	5.236	7.780
	高级技工	工日	1.410	1.163	1.729
材料	树脂耐酸胶泥	m³	（0.086）	（0.086）	（0.086）
	耐酸板 150×150×30	块	（455.000）	（455.000）	（455.000）
	水	t	0.600	0.600	0.600
	砂轮片 φ150	片	0.100	0.100	0.100
机械	涡浆式混凝土搅拌机 250L	台班	0.500	0.500	0.500
	轴流通风机 7.5kW	台班	0.600	0.600	0.600
	电动单筒慢速卷扬机 30kN	台班	0.500	0.500	0.500

28. 耐酸板 35mm（150×150×35）

工作内容： 运料、选砖板、洗砖板、调制胶泥、刷底胶浆、衬砌、养生。　　　　　　　　　　计量单位：10m²

编　号			12-7-166	12-7-167	12-7-168
项　目			圆形	矩形	锥（塔）形
名　称		单位	消　耗　量		
人工	合计工日	工日	11.811	9.754	14.468
	其中 普工	工日	4.016	3.316	4.919
	一般技工	工日	6.378	5.267	7.813
	高级技工	工日	1.417	1.171	1.736
材料	树脂耐酸胶泥	m³	（0.094）	（0.094）	（0.094）
	耐酸板 150×150×35	块	（455.000）	（455.000）	（455.000）
	水	t	0.600	0.600	0.600
	砂轮片 φ150	片	0.100	0.100	0.100
机械	涡浆式混凝土搅拌机 250L	台班	0.500	0.500	0.500
	轴流通风机 7.5kW	台班	0.600	0.600	0.600
	电动单筒慢速卷扬机 30kN	台班	0.500	0.500	0.500

三、硅质胶泥抹面

工作内容:运料、清理基层、涂稀胶泥、调胶泥、分层抹平、酸洗、钩钉制作与
安装、挂网。

计量单位:10m²

编　号			12-7-169	12-7-170	12-7-171
项　目			硅质胶泥抹面		
			20 厚	25 厚	30 厚
名　称		单位	消　耗　量		
人工	合计工日	工日	17.358	20.147	22.015
	其中　普工	工日	5.902	6.850	7.485
	一般技工	工日	9.373	10.879	11.888
	高级技工	工日	2.083	2.418	2.642
材料	硅质耐酸胶泥	m³	(0.210)	(0.260)	(0.320)
	硫酸 38%	kg	3.000	3.000	3.000
	镀锌铁丝网 φ10×10×0.9	m²	12.000	12.000	12.000
	圆钢 φ5.5~9.0	kg	10.000	10.000	10.000
	低碳钢焊条 J422 φ3.2	kg	1.470	1.470	1.470
	水	t	1.000	1.000	1.000
机械	涡浆式混凝土搅拌机 250L	台班	1.000	1.000	1.000
	交流弧焊机 32kV·A	台班	2.700	2.700	2.700

四、表面涂刮鳞片胶泥

工作内容:运料、配制胶泥、涂刮。

计量单位:10m²

编　　号			12-7-172	12-7-173
项　　目			设备	
			金属面	布面
名　　称		单位	消　耗　量	
人工	合计工日	工日	9.870	8.967
	其中 普工	工日	3.356	3.049
	一般技工	工日	5.330	4.842
	高级技工	工日	1.184	1.076
材料	磷质胶泥	m³	(0.024)	(0.120)
	碎布	kg	0.020	0.020
	铁砂布 0#~2#	张	4.000	5.000
机械	涡浆式混凝土搅拌机 250L	台班	1.600	1.100
	轴流通风机 7.5kW	台班	2.200	1.400
	真空泵 204m³/h	台班	1.600	1.100

五、衬石墨管接

工作内容:运料、调制胶泥、抹胶泥、衬石墨管接、缠石棉绳。

计量单位:10个

编　　号			12-7-174	12-7-175
项　　目			衬石墨管接	
			Dg150 以下	Dg150 以上
名　　称		单位	消　耗　量	
人工	合计工日	工日	1.826	1.994
	其中 普工	工日	0.621	0.678
	一般技工	工日	0.986	1.077
	高级技工	工日	0.219	0.239
材料	石墨管接	个	(10.100)	(10.100)
	胶泥	m³	(0.010)	(0.010)
	耐酸橡胶板 δ3	kg	3.000	3.000
	水	t	0.600	0.600
机械	涡浆式混凝土搅拌机 250L	台班	0.100	0.100

六、铺衬耐高温隔板

工作内容：运料、调制胶泥、刮涂、铺衬。　　　　　　　　　　　　　　　　　　　　　　计量单位：10m²

编　号				12-7-176
项　目				设备
名　称			单位	消　耗　量
人工	合计工日		工日	3.685
	其中	普工	工日	1.253
		一般技工	工日	1.990
		高级技工	工日	0.442
材料	胶泥		m³	（0.034）
	耐高温（隔热）板（毡）		10m²	10.500
机械	涡浆式混凝土搅拌机 250L		台班	0.200
	轴流通风机 7.5kW		台班	0.500

七、耐酸砖板衬砌体热处理

工作内容：制作、安装电炉、加热、记录、检查。　　　　　　　　　　　　　　　　　　计量单位：10m²

编　号				12-7-177
项　目				热处理
名　称			单位	消　耗　量
人工	合计工日		工日	2.722
	其中	普工	工日	0.925
		一般技工	工日	1.470
		高级技工	工日	0.327
材料	电炉丝 220V 2 000W		条	1.000
	铝芯橡皮绝缘电线 BLX-35mm² 双芯		m	3.500
	轻质耐火砖 230×113×65		块	2.000
	玻璃管温度计 0℃~200℃ WNG-11		支	1.000

第八章　管道补口补伤工程

说　　明

一、本章内容包括金属管道的补口补伤的防腐工程。

二、本章施工工序包括了补口补伤，不包括表面除锈工作。

三、管道补口补伤防腐涂料有环氧煤沥青涂料、氯磺化聚乙烯涂料、聚氨酯涂料、无机富锌涂料。

四、本章项目均采用手工操作。

五、管道补口每个口取定为：$DN400$mm 以下（含 $DN400$mm）管道每个口补口长度为 400mm；$DN400$mm 以上管道每个口补口长度为 600mm。

一、环氧煤沥青普通防腐

工作内容:清除管口油污锈渍、管口烘烤、涂刷底涂料、涂刷面涂料。　　　　　　　　计量单位:10 个口

编　号			12-8-1	12-8-2	12-8-3	12-8-4	12-8-5
项　目			管道公称直径（mm 以内）				
			100	200	300	400	500
名　称		单位	消　耗　量				
人工	合计工日		工日	1.115	0.376	0.554	0.722	1.142
	其中	普工	工日	1.000	0.188	0.277	0.361	0.571
		一般技工	工日	0.100	0.158	0.233	0.303	0.480
		高级技工	工日	0.015	0.030	0.044	0.058	0.091
材料	环氧煤沥青 面漆		kg	（0.730）	（1.470）	（2.180）	（2.850）	（5.320）
	环氧煤沥青 底漆		kg	（0.110）	（0.220）	（0.330）	（0.430）	（0.800）
	固化剂		kg	（0.070）	（0.150）	（0.220）	（0.290）	（0.530）
	稀释剂		kg	（0.090）	（0.180）	（0.270）	（0.360）	（0.660）
	煤油		kg	0.050	0.090	0.140	0.180	0.330
	毛刷		把	0.010	0.009	0.014	0.019	0.034

计量单位:10 个口

编　号			12-8-6	12-8-7	12-8-8	12-8-9
项　目			管道公称直径（mm 以内）			
			600	700	800	900
名　称		单位	消　耗　量			
人工	合计工日		工日	1.364	1.561	1.774	1.998
	其中	普工	工日	0.682	0.780	0.887	0.999
		一般技工	工日	0.573	0.656	0.745	0.839
		高级技工	工日	0.109	0.125	0.142	0.160
材料	环氧煤沥青 面漆		kg	（6.330）	（7.240）	（8.240）	（9.250）
	环氧煤沥青 底漆		kg	（0.950）	（1.090）	（1.240）	（1.390）
	固化剂		kg	（0.630）	（0.720）	（0.820）	（0.920）
	稀释剂		kg	（0.790）	（0.910）	（1.030）	（1.160）
	煤油		kg	0.400	0.450	0.520	0.580
	毛刷		把	0.041	0.046	0.054	0.060

二、环氧煤沥青加强级防腐

工作内容: 清除管口油污锈渍、管口烘烤、涂刷底涂料、缠玻璃布、涂刷面涂料。　　计量单位:10个口

编　号			12-8-10	12-8-11	12-8-12	12-8-13	12-8-14	12-8-15
项　目			管道公称直径(mm 以内)					
			100	200	300	400	500	600
名　称		单位	消　耗　量					
人工	合计工日	工日	0.214	0.428	0.633	0.830	1.312	1.561
	其中 普工	工日	0.107	0.214	0.316	0.415	0.656	0.780
	一般技工	工日	0.090	0.180	0.266	0.349	0.551	0.656
	高级技工	工日	0.017	0.034	0.051	0.066	0.105	0.125
材料	环氧煤沥青 面漆	kg	(1.090)	(2.200)	(3.260)	(4.280)	(7.980)	(9.500)
	环氧煤沥青 底漆	kg	(0.110)	(0.220)	(0.330)	(0.430)	(0.800)	(0.950)
	固化剂	kg	(0.110)	(0.220)	(0.330)	(0.430)	(0.800)	(0.950)
	稀释剂	kg	(0.100)	(0.200)	(0.300)	(0.390)	(0.730)	(0.870)
	玻璃布 δ0.5	m²	(1.820)	(3.682)	(5.446)	(7.154)	(13.328)	(15.862)
	煤油	kg	0.050	0.090	0.140	0.180	0.330	0.400
	毛刷	把	0.140	0.282	0.418	0.549	1.022	1.217

计量单位: 10 个口

编 号			12-8-16	12-8-17	12-8-18	12-8-19	12-8-20
项 目			管道公称直径（mm 以内）				
			700	800	900	1 000	1 200
名 称		单位	消 耗 量				
人工	合计工日	工日	1.784	2.026	2.276	2.526	3.024
	其中 普工	工日	0.892	1.013	1.138	1.263	1.512
	一般技工	工日	0.749	0.851	0.956	1.061	1.270
	高级技工	工日	0.143	0.162	0.182	0.202	0.242
材料	环氧煤沥青 面漆	kg	（10.860）	（12.370）	（13.870）	（15.370）	（18.370）
	环氧煤沥青 底漆	kg	（1.090）	（1.240）	（1.390）	（1.540）	（1.840）
	固化剂	kg	（1.090）	（1.240）	（1.390）	（1.540）	（1.840）
	稀释剂	kg	（0.990）	（1.130）	（1.270）	（1.410）	（1.690）
	玻璃布 $\delta 0.5$	m²	（18.130）	（20.650）	（23.170）	（25.690）	（30.730）
	煤油	kg	0.450	0.520	0.580	0.640	0.760
	毛刷	把	1.391	1.585	1.778	1.971	2.357
机械	轮胎式起重机 16t	台班	—	—	—	0.350	0.350

计量单位: 10 个口

编 号			12-8-21	12-8-22	12-8-23	12-8-24
项 目			管道公称直径（mm 以内）			
			1 400	1 600	1 800	2 000
名 称		单位	消 耗 量			
人工	合计工日	工日	3.524	4.024	4.523	5.022
	其中 普工	工日	1.762	2.012	2.261	2.511
	一般技工	工日	1.480	1.690	1.900	2.109
	高级技工	工日	0.282	0.322	0.362	0.402
材料	环氧煤沥青 面漆	kg	（21.370）	（24.370）	（27.370）	（30.370）
	环氧煤沥青 底漆	kg	（2.140）	（2.440）	（2.740）	（3.040）
	固化剂	kg	（2.140）	（2.440）	（2.740）	（3.040）
	稀释剂	kg	（1.970）	（2.250）	（2.530）	（2.810）
	玻璃布 $\delta 0.5$	m²	（35.770）	（40.810）	（45.850）	（50.890）
	煤油	kg	0.880	1.000	1.120	1.240
	毛刷	把	2.743	3.129	3.515	3.901
机械	轮胎式起重机 16t	台班	0.400	0.400	0.600	0.600

三、环氧煤沥青特加强级防腐

工作内容：清除管口油污锈渍、管口烘烤、涂刷底涂料、缠玻璃布、涂刷面涂料。　　　　计量单位：10个口

编　号			12-8-25	12-8-26	12-8-27	12-8-28	12-8-29	12-8-30
项　目			管道公称直径（mm 以内）					
			100	200	300	400	500	600
名　称		单位	消　耗　量					
人工	合计工日	工日	0.233	0.483	0.704	0.927	1.472	1.748
	其中 普工	工日	0.116	0.241	0.352	0.464	0.736	0.874
	一般技工	工日	0.098	0.203	0.296	0.389	0.618	0.734
	高级技工	工日	0.019	0.039	0.056	0.074	0.118	0.140
材料	环氧煤沥青 面漆	kg	（1.270）	（2.570）	（3.810）	（4.990）	（9.310）	（11.080）
	环氧煤沥青 底漆	kg	（0.110）	（0.220）	（0.330）	（0.430）	（0.800）	（0.950）
	固化剂	kg	（0.130）	（0.260）	（0.380）	（0.500）	（0.930）	（1.110）
	稀释剂	kg	（0.110）	（0.220）	（0.330）	（0.430）	（0.800）	（0.950）
	玻璃布 δ0.5	m²	（3.640）	（7.350）	（10.906）	（14.294）	（26.656）	（31.738）
	煤油	kg	0.050	0.090	0.140	0.180	0.330	0.400
	毛刷	把	0.275	0.554	0.823	1.078	2.010	2.394

计量单位：10 个口

编　号			12-8-31	12-8-32	12-8-33	12-8-34	12-8-35
项　目			管道公称直径（mm 以内）				
			700	800	900	1 000	1 200
名　称		单位	消　耗　量				
人工	合计工日		工日	1.998	2.284	2.560	2.836	3.390
	其中	普工	工日	0.999	1.142	1.280	1.418	1.695
		一般技工	工日	0.839	0.959	1.075	1.191	1.424
		高级技工	工日	0.160	0.183	0.205	0.227	0.271
材料	环氧煤沥青 面漆		kg	（12.670）	（14.430）	（16.190）	（17.950）	（21.470）
	环氧煤沥青 底漆		kg	（1.090）	（1.240）	（1.390）	（1.540）	（1.840）
	固化剂		kg	（1.270）	（1.440）	（1.620）	（1.800）	（2.160）
	稀释剂		kg	（1.090）	（1.240）	（1.390）	（1.540）	（1.840）
	玻璃布 $\delta 0.5$		m²	（36.274）	（41.314）	（46.354）	（51.394）	（61.474）
	煤油		kg	0.450	0.520	0.580	0.640	0.760
	毛刷		把	2.736	3.117	3.497	3.877	4.637
机械	汽车式起重机 16t		台班	—	—	—	0.400	0.400

计量单位：10 个口

编　号			12-8-36	12-8-37	12-8-38	12-8-39
项　目			管道公称直径（mm 以内）			
			1 400	1 600	1 800	2 000
名　称		单位	消　耗　量			
人工	合计工日		工日	3.942	4.496	5.048	5.602
	其中	普工	工日	1.971	2.248	2.524	2.801
		一般技工	工日	1.656	1.888	2.120	2.353
		高级技工	工日	0.315	0.360	0.404	0.448
材料	环氧煤沥青 面漆		kg	（24.990）	（28.510）	（32.030）	（35.550）
	环氧煤沥青 底漆		kg	（2.140）	（2.440）	（2.740）	（3.040）
	固化剂		kg	（2.520）	（2.880）	（3.240）	（3.600）
	稀释剂		kg	（2.140）	（2.440）	（2.740）	（3.040）
	玻璃布 $\delta 0.5$		m²	（71.554）	（81.634）	（91.714）	（101.794）
	煤油		kg	0.880	1.000	1.120	1.240
	毛刷		把	5.397	6.157	6.917	7.677
机械	汽车式起重机 16t		台班	0.400	0.500	0.600	0.600

四、氯磺化聚乙烯涂料

工作内容：运料、表面清洗、调配、涂刷。　　　　　　　　　　　　　　　　　　　　计量单位：10 个口

编　号			12-8-40	12-8-41	12-8-42	12-8-43
项　目			管道公称直径（100mm 以内）			
			底涂层	中间涂层		面涂层
			一遍		增一遍	一遍
名　称		单位	消　耗　量			
人工	合计工日	工日	0.170	0.142	0.142	0.126
	其中 普工	工日	0.085	0.071	0.071	0.063
	一般技工	工日	0.071	0.060	0.060	0.053
	高级技工	工日	0.014	0.011	0.011	0.010
材料	氯磺化聚乙烯 底漆	kg	（0.330）	—	—	—
	氯磺化聚乙烯 中间漆	kg	—	（0.290）	（0.270）	—
	氯磺化聚乙烯 面漆	kg	—	—	—	（0.240）
	氯磺化聚乙烯稀释剂	kg	0.080	0.070	0.070	0.080
	毛刷	把	0.022	0.019	0.019	0.022
	碎布	kg	0.500	—	—	—

计量单位：10 个口

编　号			12-8-44	12-8-45	12-8-46	12-8-47
项　目			管道公称直径（200mm 以内）			
			底涂层	中间涂层		面涂层
			一遍		增一遍	一遍
名　称		单位	消　耗　量			
人工	合计工日	工日	0.340	0.276	0.276	0.250
	其中 普工	工日	0.170	0.138	0.138	0.125
	一般技工	工日	0.143	0.116	0.116	0.105
	高级技工	工日	0.027	0.022	0.022	0.020
材料	氯磺化聚乙烯 底漆	kg	（0.660）	—	—	—
	氯磺化聚乙烯 中间漆	kg	—	（0.580）	（0.490）	—
	氯磺化聚乙烯 面漆	kg	—	—	—	（0.490）
	氯磺化聚乙烯稀释剂	kg	0.160	0.150	0.150	0.160
	毛刷	把	0.043	0.040	0.040	0.043
	碎布	kg	0.500	—	—	—

计量单位：10个口

编　　号			12-8-48	12-8-49	12-8-50	12-8-51
项　　目			管道公称直径（300mm以内）			
			底涂层	中间涂层		面涂层
			一遍		增一遍	一遍
名　　称		单位	消　耗　量			
人工	合计工日		工日	0.510	0.412	0.412	0.366
	其中	普工	工日	0.255	0.206	0.206	0.183
		一般技工	工日	0.214	0.173	0.173	0.154
		高级技工	工日	0.041	0.033	0.033	0.029
材料	氯磺化聚乙烯 底漆		kg	（0.980）	—	—	—
	氯磺化聚乙烯 中间漆		kg	—	（0.860）	（0.730）	—
	氯磺化聚乙烯 面漆		kg	—	—	—	（0.730）
	氯磺化聚乙烯稀释剂		kg	0.230	0.220	0.220	0.230
	毛刷		把	0.062	0.059	0.059	0.062
	碎布		kg	0.500	—	—	—

计量单位：10个口

编　　号			12-8-52	12-8-53	12-8-54	12-8-55
项　　目			管道公称直径（400mm以内）			
			底涂层	中间涂层		面涂层
			一遍		增一遍	一遍
名　　称		单位	消　耗　量			
人工	合计工日		工日	0.660	0.545	0.545	0.483
	其中	普工	工日	0.330	0.272	0.272	0.241
		一般技工	工日	0.277	0.229	0.229	0.203
		高级技工	工日	0.053	0.044	0.044	0.039
材料	氯磺化聚乙烯 底漆		kg	（1.290）	—	—	—
	氯磺化聚乙烯 中间漆		kg	—	（1.120）	（0.960）	—
	氯磺化聚乙烯 面漆		kg	—	—	—	（0.960）
	氯磺化聚乙烯稀释剂		kg	0.300	0.290	0.290	0.300
	毛刷		把	0.081	0.078	0.078	0.081
	碎布		kg	0.500	—	—	—

计量单位：10 个口

编　　号			12-8-56	12-8-57	12-8-58	12-8-59
项　　目			管道公称直径（500mm 以内）			
			底涂层	中间涂层		面涂层
			一遍		增一遍	一遍
名　　称		单位	消　耗　量			
人工	合计工日		工日	1.240	1.017	1.017	0.900
	其中	普工	工日	0.620	0.509	0.509	0.450
		一般技工	工日	0.521	0.427	0.427	0.378
		高级技工	工日	0.099	0.081	0.081	0.072
材料	氯磺化聚乙烯 底漆		kg	（2.410）	—	—	—
	氯磺化聚乙烯 中间漆		kg	—	（2.090）	（1.780）	—
	氯磺化聚乙烯 面漆		kg	—	—	—	（1.780）
	氯磺化聚乙烯稀释剂		kg	0.560	0.540	0.540	0.560
	毛刷		把	0.151	0.146	0.146	0.151
	碎布		kg	0.500	—	—	—

计量单位：10 个口

编　　号			12-8-60	12-8-61	12-8-62	12-8-63
项　　目			管道公称直径（600mm 以内）			
			底涂层	中间涂层		面涂层
			一遍		增一遍	一遍
名　　称		单位	消　耗　量			
人工	合计工日		工日	1.472	1.204	1.204	1.070
	其中	普工	工日	0.736	0.602	0.602	0.535
		一般技工	工日	0.618	0.506	0.506	0.449
		高级技工	工日	0.118	0.096	0.096	0.086
材料	氯磺化聚乙烯 底漆		kg	（2.870）	—	—	—
	氯磺化聚乙烯 中间漆		kg	—	（2.490）	（2.120）	—
	氯磺化聚乙烯 面漆		kg	—	—	—	（2.120）
	氯磺化聚乙烯稀释剂		kg	0.670	0.650	0.650	0.670
	毛刷		把	0.181	0.176	0.176	0.181
	碎布		kg	0.500	—	—	—

计量单位：10个口

编　号	12-8-64	12-8-65	12-8-66	12-8-67
项　目	管道公称直径（700mm 以内）			
	底涂层	中间涂层		面涂层
	一遍		增一遍	一遍
名　称	单位	消　耗　量			

		名　称	单位	消　耗　量			
人工		合计工日	工日	1.686	1.383	1.383	1.222
	其中	普工	工日	0.843	0.691	0.691	0.611
		一般技工	工日	0.708	0.581	0.581	0.513
		高级技工	工日	0.135	0.111	0.111	0.098
材料		氯磺化聚乙烯 底漆	kg	（3.280）	—	—	—
		氯磺化聚乙烯 中间漆	kg	—	（2.850）	（2.420）	—
		氯磺化聚乙烯 面漆	kg	—	—	—	（2.420）
		氯磺化聚乙烯稀释剂	kg	0.770	0.740	0.740	0.770
		毛刷	把	0.208	0.200	0.200	0.208
		碎布	kg	0.500	—	—	—

计量单位：10个口

编　号	12-8-68	12-8-69	12-8-70	12-8-71
项　目	管道公称直径（800mm 以内）			
	底涂层	中间涂层		面涂层
	一遍		增一遍	一遍
名　称	单位	消　耗　量			

		名　称	单位	消　耗　量			
人工		合计工日	工日	1.918	1.570	1.570	1.390
	其中	普工	工日	0.959	0.785	0.785	0.695
		一般技工	工日	0.806	0.659	0.659	0.584
		高级技工	工日	0.153	0.126	0.126	0.111
材料		氯磺化聚乙烯 底漆	kg	（3.730）	—	—	—
		氯磺化聚乙烯 中间漆	kg	—	（3.250）	（2.760）	—
		氯磺化聚乙烯 面漆	kg	—	—	—	（2.760）
		氯磺化聚乙烯稀释剂	kg	0.880	0.840	0.840	0.880
		毛刷	把	0.238	0.227	0.227	0.238
		碎布	kg	0.500	—	—	—

计量单位：10 个口

编　号			12-8-72	12-8-73	12-8-74	12-8-75
项　目			管道公称直径（900mm 以内）			
			底涂层	中间涂层		面涂层
			一遍		增一遍	一遍
名　称		单位	消　耗　量			
人工	合计工日	工日	2.149	1.758	1.758	1.570
	其中 普工	工日	1.074	0.879	0.879	0.785
	一般技工	工日	0.903	0.738	0.738	0.659
	高级技工	工日	0.172	0.141	0.141	0.126
材料	氯磺化聚乙烯 底漆	kg	（4.190）	—	—	—
	氯磺化聚乙烯 中间漆	kg	—	（3.640）	（3.100）	—
	氯磺化聚乙烯 面漆	kg	—	—	—	（3.100）
	氯磺化聚乙烯稀释剂	kg	0.980	0.950	0.950	0.980
	毛刷	把	0.265	0.256	0.256	0.265

五、聚氨酯涂料

工作内容：运料、表面清洗、配制、嵌刮腻子、涂刷。

计量单位：10 个口

编　号			12-8-76	12-8-77	12-8-78	12-8-79	12-8-80
项　目			管道公称直径（100mm 以内）				
			底涂层		中间涂层		面涂层
			两遍	增一遍	一遍	增一遍	每一遍
名　称		单位	消　耗　量				
人工	合计工日	工日	0.205	0.126	0.098	0.098	0.098
	其中 普工	工日	0.103	0.063	0.049	0.049	0.049
	一般技工	工日	0.086	0.053	0.041	0.041	0.041
	高级技工	工日	0.016	0.010	0.008	0.008	0.008
材料	聚氨酯底漆	kg	（0.360）	（0.180）	—	—	—
	聚氨酯磁漆	kg	—	—	（0.140）	（0.110）	（0.220）
	二甲苯	kg	0.130	0.060	0.070	0.070	0.070
	溶剂汽油	kg	0.240	—	—	—	—
	碎布	kg	0.030	—	—	—	—
	铁砂布 0# ~ 2#	张	0.030	0.020	0.020	0.020	—
	毛刷	把	0.045	0.009	0.010	0.010	0.010

计量单位: 10 个口

编　号			12-8-81	12-8-82	12-8-83	12-8-84	12-8-85
项　目			管道公称直径（200mm 以内）				
			底涂层		中间涂层		面涂层
			两遍	增一遍	一遍	增一遍	每一遍
名　称		单位	消　耗　量				
人工	合计工日	工日	0.420	0.259	0.188	0.188	0.188
	其中　普工	工日	0.210	0.129	0.094	0.094	0.094
	一般技工	工日	0.176	0.109	0.079	0.079	0.079
	高级技工	工日	0.034	0.021	0.015	0.015	0.015
材料	聚氨酯底漆	kg	（0.740）	（0.370）	—	—	—
	聚氨酯磁漆	kg	—	—	（0.280）	（0.220）	（0.440）
	二甲苯	kg	0.260	0.130	0.140	0.140	0.140
	溶剂汽油	kg	0.480	—	—	—	—
	碎布	kg	0.060	—	—	—	—
	铁砂布 0#~2#	张	0.060	0.030	0.030	0.030	—
	毛刷	把	0.091	0.019	0.021	0.021	0.020

计量单位: 10 个口

编　号			12-8-86	12-8-87	12-8-88	12-8-89	12-8-90
项　目			管道公称直径（300mm 以内）				
			底涂层		中间涂层		面涂层
			两遍	增一遍	一遍	增一遍	每一遍
名　称		单位	消　耗　量				
人工	合计工日	工日	0.616	0.384	0.276	0.276	0.276
	其中　普工	工日	0.308	0.192	0.138	0.138	0.138
	一般技工	工日	0.259	0.161	0.116	0.116	0.116
	高级技工	工日	0.049	0.031	0.022	0.022	0.022
材料	聚氨酯底漆	kg	（1.090）	（0.550）	—	—	—
	聚氨酯磁漆	kg	—	—	（0.420）	（0.320）	（0.660）
	二甲苯	kg	0.380	0.190	0.210	0.210	0.210
	溶剂汽油	kg	0.710	—	—	—	—
	碎布	kg	0.090	—	—	—	—
	铁砂布 0#~2#	张	0.090	0.050	0.050	0.050	—
	毛刷	把	0.134	0.028	0.031	0.031	0.029

计量单位: 10个口

编　号			12-8-91	12-8-92	12-8-93	12-8-94	12-8-95
项　目			管道公称直径（400mm 以内）				
			底涂层		中间涂层		面涂层
			两遍	增一遍	一遍	增一遍	每一遍
名　称		单位	消　耗　量				
人工	合计工日	工日	0.804	0.490	0.366	0.366	0.366
	其中 普工	工日	0.402	0.245	0.183	0.183	0.183
	一般技工	工日	0.338	0.206	0.154	0.154	0.154
	高级技工	工日	0.064	0.039	0.029	0.029	0.029
材料	聚氨酯底漆	kg	（1.430）	（0.720）	—	—	—
	聚氨酯磁漆	kg	—	—	（0.540）	（0.420）	（0.860）
	二甲苯	kg	0.500	0.250	0.280	0.280	0.270
	溶剂汽油	kg	0.930	—	—	—	—
	碎布	kg	0.110	—	—	—	—
	铁砂布 0#~2#	张	0.120	0.060	0.060	0.060	—
	毛刷	把	0.174	0.037	0.041	0.041	0.038

计量单位: 10个口

编　号			12-8-96	12-8-97	12-8-98	12-8-99	12-8-100
项　目			管道公称直径（500mm 以内）				
			底涂层		中间涂层		面涂层
			两遍	增一遍	一遍	增一遍	每一遍
名　称		单位	消　耗　量				
人工	合计工日	工日	1.516	0.927	0.688	0.688	0.688
	其中 普工	工日	0.758	0.464	0.344	0.344	0.344
	一般技工	工日	0.637	0.389	0.289	0.289	0.289
	高级技工	工日	0.121	0.074	0.055	0.055	0.055
材料	聚氨酯底漆	kg	（2.670）	（1.340）	—	—	—
	聚氨酯磁漆	kg	—	—	（1.020）	（0.790）	（1.600）
	二甲苯	kg	0.930	0.470	0.520	0.520	0.500
	溶剂汽油	kg	1.730	—	—	—	—
	碎布	kg	0.210	—	—	—	—
	铁砂布 0#~2#	张	0.230	0.120	0.120	0.120	—
	毛刷	把	0.325	0.070	0.077	0.077	0.070

计量单位：10 个口

编　号			12-8-101	12-8-102	12-8-103	12-8-104	12-8-105
项　目			管道公称直径（600mm 以内）				
			底涂层		中间涂层		面涂层
			两遍	增一遍	一遍	增一遍	每一遍
名　称		单位	消　耗　量				
人工	合计工日	工日	1.802	1.105	0.821	0.821	0.821
	其中 普工	工日	0.901	0.553	0.410	0.410	0.410
	一般技工	工日	0.757	0.464	0.345	0.345	0.345
	高级技工	工日	0.144	0.088	0.066	0.066	0.066
材料	聚氨酯底漆	kg	（3.180）	（1.600）	—	—	—
	聚氨酯磁漆	kg	—	—	（1.210）	（0.940）	（1.910）
	二甲苯	kg	1.110	0.560	0.620	0.620	0.600
	溶剂汽油	kg	2.060	—	—	—	—
	碎布	kg	0.250	—	—	—	—
	铁砂布 0#～2#	张	0.270	0.140	0.140	0.140	—
	毛刷	把	0.387	0.083	0.091	0.091	0.084

计量单位：10 个口

编　号			12-8-106	12-8-107	12-8-108	12-8-109	12-8-110
项　目			管道公称直径（700mm 以内）				
			底涂层		中间涂层		面涂层
			两遍	增一遍	一遍	增一遍	每一遍
名　称		单位	消　耗　量				
人工	合计工日	工日	2.062	1.267	0.936	0.936	0.936
	其中 普工	工日	1.031	0.634	0.468	0.468	0.468
	一般技工	工日	0.866	0.532	0.393	0.393	0.393
	高级技工	工日	0.165	0.101	0.075	0.075	0.075
材料	聚氨酯底漆	kg	（3.630）	（1.820）	—	—	—
	聚氨酯磁漆	kg	—	—	（1.380）	（1.070）	（2.180）
	二甲苯	kg	1.270	0.640	0.710	0.710	0.680
	溶剂汽油	kg	2.350	—	—	—	—
	碎布	kg	0.280	—	—	—	—
	铁砂布 0#～2#	张	0.310	0.160	0.160	0.160	—
	毛刷	把	0.441	0.095	0.105	0.105	0.095

计量单位：10个口

编　　号			12-8-111	12-8-112	12-8-113	12-8-114	12-8-115
项　目			管道公称直径（800mm 以内）				
			底涂层		中间涂层		面涂层
			两遍	增一遍	一遍	增一遍	每一遍
名　　称		单位	消　耗　量				
人工	合计工日	工日	2.347	1.446	1.062	1.062	1.062
	其中 普工	工日	1.173	0.723	0.531	0.531	0.531
	一般技工	工日	0.986	0.607	0.446	0.446	0.446
	高级技工	工日	0.188	0.116	0.085	0.085	0.085
材料	聚氨酯底漆	kg	（4.140）	（2.080）	—	—	—
	聚氨酯磁漆	kg	—	—	（1.570）	（1.220）	（2.480）
	二甲苯	kg	1.440	0.730	0.810	0.810	0.780
	溶剂汽油	kg	2.680				
	碎布	kg	0.320	—	—	—	—
	铁砂布 0#~2#	张	0.360	0.180	0.180	0.180	—
	毛刷	把	0.502	0.108	0.119	0.119	0.109

计量单位：10个口

编　　号			12-8-116	12-8-117	12-8-118	12-8-119	12-8-120
项　目			管道公称直径（900mm 以内）				
			底涂层		中间涂层		面涂层
			两遍	增一遍	一遍	增一遍	每一遍
名　　称		单位	消　耗　量				
人工	合计工日	工日	2.632	1.615	1.196	1.196	1.196
	其中 普工	工日	1.316	0.808	0.598	0.598	0.598
	一般技工	工日	1.105	0.678	0.502	0.502	0.502
	高级技工	工日	0.211	0.129	0.096	0.096	0.096
材料	聚氨酯底漆	kg	（4.640）	（2.330）	—	—	—
	聚氨酯磁漆	kg	—	—	（1.770）	（1.370）	（2.790）
	二甲苯	kg	1.620	0.820	0.910	0.910	0.870
	溶剂汽油	kg	3.000				
	碎布	kg	0.360	—	—	—	—
	铁砂布 0#~2#	张	0.400	0.200	0.200	0.200	—
	毛刷	把	0.564	0.121	0.134	0.134	0.122

六、无机富锌涂料

工作内容：运料、表面清洗、调配、涂刷。 计量单位：10个口

编号				12-8-121	12-8-122	12-8-123	12-8-124
项 目				管道公称直径（100mm 以内）			
				底涂层两遍	磷酸水两遍	水两遍	环氧银粉面涂层两遍
名 称			单位	消 耗 量			
人工	合计工日		工日	0.170	0.098	0.098	0.126
	其中	普工	工日	0.085	0.049	0.049	0.063
		一般技工	工日	0.071	0.041	0.041	0.053
		高级技工	工日	0.014	0.008	0.008	0.010
材料	锌粉		kg	（0.880）	—	—	—
	环氧树脂		kg	—	—	—	（0.350）
	丙酮		kg	—	—	—	0.350
	银粉		kg	—	—	—	0.090
	水		t	0.210	0.390	0.460	—
	硅酸钠（水玻璃）		kg	0.210	—	—	—
	磷酸 85%		kg	—	0.070	—	—
	碎布		kg	0.010	—	—	—
	铁砂布 0#~2#		张	0.030	—	—	—
	溶剂汽油		kg	0.220	—	—	—
	毛刷		把	0.059	0.030	0.023	0.222

计量单位: 10 个口

编 号				12-8-125	12-8-126	12-8-127	12-8-128
项 目				管道公称直径（200mm 以内）			
				底涂层两遍	磷酸水两遍	水两遍	环氧银粉面涂层两遍
名 称			单位	消 耗 量			
人工	合计工日		工日	0.348	0.205	0.205	0.250
	其中	普工	工日	0.174	0.103	0.103	0.125
		一般技工	工日	0.146	0.086	0.086	0.105
		高级技工	工日	0.028	0.016	0.016	0.020
材料	锌粉		kg	（1.800）	—	—	—
	环氧树脂		kg	—	—	—	（0.700）
	丙酮		kg	—	—	—	0.700
	银粉		kg	—	—	—	0.180
	水		t	0.410	0.780	0.930	—
	硅酸钠（水玻璃）		kg	0.410	—	—	—
	磷酸 85%		kg	—	0.150	—	—
	一氧化铅		kg	0.020	—	—	—
	碎布		kg	0.060	—	—	—
	铁砂布 0#~2#		张	0.060	—	—	—
	溶剂汽油		kg	0.450	—	—	—
	毛刷		把	0.118	0.062	0.046	0.445

计量单位：10 个口

编　　号			12-8-129	12-8-130	12-8-131	12-8-132
项　　目			管道公称直径（300mm 以内）			
			底涂层两遍	磷酸水两遍	水两遍	环氧银粉面涂层两遍
名　　称		单位	消　耗　量			
人工	合计工日	工日	0.517	0.295	0.295	0.366
	其中　普工	工日	0.259	0.147	0.147	0.183
	其中　一般技工	工日	0.217	0.124	0.124	0.154
	其中　高级技工	工日	0.041	0.024	0.024	0.029
材料	锌粉	kg	（2.650）	—	—	—
	环氧树脂	kg	—	—	—	（1.040）
	丙酮	kg	—	—	—	1.040
	银粉	kg	—	—	—	0.260
	水	t	0.610	1.160	1.380	—
	硅酸钠（水玻璃）	kg	0.610			
	磷酸 85%	kg	—	0.220	—	—
	一氧化铅	kg	0.030	—	—	—
	碎布	kg	0.080	—	—	—
	铁砂布 0#~2#	张	0.090	—	—	—
	溶剂汽油	kg	0.660	—	—	—
	毛刷	把	0.173	0.092	0.068	0.654

计量单位：10个口

编　号		12-8-133	12-8-134	12-8-135	12-8-136
项　目		管道公称直径（400mm 以内）			
		底涂层两遍	磷酸水两遍	水两遍	环氧银粉面涂层两遍
名　称	单位	消　耗　量			
人工 合计工日	工日	0.678	0.393	0.393	0.483
其中 普工	工日	0.339	0.197	0.197	0.241
其中 一般技工	工日	0.285	0.165	0.165	0.203
其中 高级技工	工日	0.054	0.031	0.031	0.039
材料 锌粉	kg	（3.480）	—	—	—
环氧树脂	kg	—	—	—	（1.360）
丙酮	kg	—	—	—	1.360
银粉	kg	—	—	—	0.340
水	t	0.800	1.520	1.810	—
硅酸钠（水玻璃）	kg	0.800	—	—	—
磷酸 85%	kg	—	0.280	—	—
一氧化铅	kg	0.040	—	—	—
碎布	kg	0.110	—	—	—
铁砂布 0#~2#	张	0.120	—	—	—
溶剂汽油	kg	0.870	—	—	—
毛刷	把	0.228	0.119	0.090	0.855

计量单位：10个口

编　号				12-8-137	12-8-138	12-8-139	12-8-140
项　目				管道公称直径（500mm以内）			
				底涂层两遍	磷酸水两遍	水两遍	环氧银粉面涂层两遍
名　称			单位	消　耗　量			
人工	合计工日		工日	1.267	0.732	0.732	0.900
	其中	普工	工日	0.634	0.366	0.366	0.450
		一般技工	工日	0.532	0.307	0.307	0.378
		高级技工	工日	0.101	0.059	0.059	0.072
材料	锌粉		kg	（6.480）	—	—	—
	环氧树脂		kg	—	—	—	（2.530）
	丙酮		kg	—	—	—	2.530
	银粉		kg	—	—	—	0.640
	水		t	1.500	2.830	3.370	—
	硅酸钠（水玻璃）		kg	1.500	—	—	—
	磷酸 85%		kg	—	0.530	—	—
	一氧化铅		kg	0.080	—	—	—
	碎布		kg	0.200	—	—	—
	铁砂布 0# ~ 2#		张	0.220	—	—	—
	溶剂汽油		kg	1.620	—	—	—
	毛刷		把	0.426	0.223	0.167	1.598

计量单位：10 个口

编　号			12-8-141	12-8-142	12-8-143	12-8-144
项　目			管道公称直径（600mm 以内）			
			底涂层两遍	磷酸水两遍	水两遍	环氧银粉面涂层两遍
名　称		单位	消　耗　量			
人工	合计工日		工日	1.508	0.865	0.865	1.070
	其中	普工	工日	0.754	0.433	0.433	0.535
		一般技工	工日	0.633	0.363	0.363	0.449
		高级技工	工日	0.121	0.069	0.069	0.086
材料	锌粉		kg	（7.720）	—	—	—
	环氧树脂		kg	—	—	—	（3.020）
	丙酮		kg	—	—	—	3.020
	银粉		kg	—	—	—	0.760
	水		t	1.780	3.370	4.010	—
	硅酸钠（水玻璃）		kg	1.780	—	—	—
	磷酸 85%		kg	—	0.630	—	—
	一氧化铅		kg	0.090	—	—	—
	碎布		kg	0.240	—	—	—
	铁砂布 $0^{\#} \sim 2^{\#}$		张	0.260	—	—	—
	溶剂汽油		kg	1.920	—	—	—
	毛刷		把	0.505	0.265	0.198	1.904

计量单位: 10 个口

编　　号				12-8-145	12-8-146	12-8-147	12-8-148
项　　目				管道公称直径（700mm 以内）			
				底涂层两遍	磷酸水两遍	水两遍	环氧银粉面涂层两遍
名　　称			单位	消　耗　量			
人工	合计工日		工日	1.722	0.990	0.990	1.222
	其中	普工	工日	0.861	0.495	0.495	0.611
		一般技工	工日	0.723	0.416	0.416	0.513
		高级技工	工日	0.138	0.079	0.079	0.098
材料	锌粉		kg	（8.820）	—	—	—
	环氧树脂		kg	—	—	—	（3.450）
	丙酮		kg	—	—	—	3.450
	银粉		kg	—	—	—	0.870
	水		t	2.040	3.850	4.590	
	硅酸钠（水玻璃）		kg	2.040	—	—	—
	磷酸 85%		kg	—	0.720	—	—
	一氧化铅		kg	0.110	—	—	—
	碎布		kg	0.270	—	—	—
	铁砂布 0#～2#		张	0.300	—	—	—
	溶剂汽油		kg	2.200	—	—	—
	毛刷		把	0.579	0.303	0.227	2.177

计量单位:10个口

编　号			12-8-149	12-8-150	12-8-151	12-8-152
项　目			管道公称直径（800mm以内）			
			底涂层两遍	磷酸水两遍	水两遍	环氧银粉面涂层两遍
名　称		单位	消　耗　量			
人工	合计工日	工日	1.954	1.133	1.133	1.390
	其中 普工	工日	0.977	0.566	0.566	0.695
	一般技工	工日	0.821	0.476	0.476	0.584
	高级技工	工日	0.156	0.091	0.091	0.111
材料	锌粉	kg	（10.050）	—	—	—
	环氧树脂	kg	—	—	—	（3.930）
	丙酮	kg	—	—	—	3.930
	银粉	kg	—	—	—	0.990
	水	t	2.320	4.390	5.220	—
	硅酸钠（水玻璃）	kg	2.320	—	—	—
	磷酸 85%	kg	—	0.820	—	—
	一氧化铅	kg	0.120	—	—	—
	碎布	kg	0.310	—	—	—
	铁砂布 0#~2#	张	0.340	—	—	—
	溶剂汽油	kg	2.500	—	—	—
	毛刷	把	0.658	0.345	0.258	2.479

计量单位：10 个口

编　号		12-8-153	12-8-154	12-8-155	12-8-156
项　目		管道公称直径（900mm 以内）			
		底涂层两遍	磷酸水两遍	水两遍	环氧银粉面涂层两遍
名　称	单位	消　耗　量			
人工	合计工日	工日	2.195	1.267	1.267	1.561
	其中 普工	工日	1.097	0.634	0.634	0.780
	一般技工	工日	0.922	0.532	0.532	0.656
	高级技工	工日	0.176	0.101	0.101	0.125
材料	锌粉	kg	（11.270）	—	—	—
	环氧树脂	kg	—	—	—	（4.410）
	丙酮	kg	—	—	—	4.410
	银粉	kg	—	—	—	1.110
	水	t	2.600	4.930	5.860	—
	硅酸钠（水玻璃）	kg	2.600			
	磷酸 85%	kg	—	0.920	—	—
	一氧化铅	kg	0.140	—	—	—
	碎布	kg	0.350	—	—	—
	铁砂布 0# ~ 2#	张	0.380	—	—	—
	溶剂汽油	kg	2.810	—	—	—
	毛刷	把	0.740	0.387	0.290	2.780

第九章 阴极保护工程

说　明

一、本章内容包括：陆地上管路、埋地电缆、储罐、构筑物的阴极保护。

二、本章包括以下工作内容：

1. 恒电位仪、整流器、工作台等设备开箱检查、清洁搬运、划线定位、安装固定、电气联结找正、固定、接地、密封、挂牌、记录整理。

2. 阳极填料筛选、铺设阳极埋设、同回流线连接、接头防腐绝缘。

3. 电气连接、补涂料。

4. 焊压铜鼻子、接线、焊点防腐、检查片制作、探头埋设。

5. TEG、CCVT、断电器：场内搬运、开箱检查、安装固定、连接进气管、电气接线、试车。

三、本章不包括以下工作内容，应执行其他章节有关消耗量或规定：

1. 水上工程、港口、船只的阴极保护。

2. 挖填土工程、钻孔（井）、开挖路面工程。

3. 接线箱安装、电缆敷设。

4. 阴极保护工程中的土石方开挖、回填等；

5. 阳极线杆架设、保护管敷设等；

6. 绝缘法兰、绝缘接头、绝缘短管等电绝缘装置安装；

7. 测试桩安装等。

8. 与第三方设备通信。

工程量计算规则

一、强制电流阴极保护:

1.恒电位仪、整流器、工作台安装,不分型号、规格,以"台"为计量单位,设备的电气连接材料不做调整。

2.TEG、CCVT、断电器:不分型号、规格,按成套供应,以"台"为计量单位。

3.辅助阳极安装:

(1)棒式阳极,包括石墨阳极、高硅铸铁阳极、磁性氧化铁阳极,按接线方式不同分为单头和双头两种,不分型号、规格以"根"为单位。

(2)钢铁阳极制作、安装,不分阳极材料、规格,以"根"为单位,主材可按管材或型材用量乘以损耗率3%计列。

(3)柔性阳极,按图示长度(包括同测试桩连接部分),以"100m"为计量单位,柔性阳极主材损耗率1%,阳极弯接头、三通接头等配套主材按设计计算。用量以主材形式计列。

(4)深井阳极,按设计阳极井个数,以"个"为计量单位,深井中阳极支数可按设计用量以主材形式计列。

4.参比阳极安装:分别按长效 $CuSO_4$ 参比电极和锌阳极划分,按参比电极个数,以"个"为计量单位。

5.通电点和均压线电缆连接:

(1)通电点,按自恒电位仪引出的零位接阴电缆和阴极电缆同管线或金属结构的二点连接点的数量,以"处"为计量单位。

(2)均压线连接,按两条管线或金属结构之间,同一管线间不同绝缘隔离段间的直接均压线连接数量,以"处"为计量单位。

二、牺牲阳极阴极保护:

1.块状牺牲阳极:不分品种、规格、埋设方式。按设计数量,以"10支"为计量单位,阳极填料用量和配比可按设计要求换算。

2.带状牺牲阳极:

(1)同管沟敷设,按图纸阳极带标识长度,以"10m"为计量单位。

(2)套管内敷设,按缠绕阳极带的螺旋线展开长度,以"10m"为计量单位。

(3)等电位垫,按等电位垫铺设的个数,以"处"为计量单位,但等电位垫阳极带主材按展开长度计算。

三、排流保护:

1.排流器:强制排流器和极性排流器不分型号、规格,以"台"为计量单位。

2.接地极:

(1)钢制接地极,以"支"为计量单位,主材按设计要求计列,损耗率3%。

(2)接地电阻测试,以组成接地系统的接地极组为计量单位计列。

(3)化学降阻处理,按设计要求需降阻处理的钢制接地极支数以"支"为计量单位。

(4)降阻材料为未计价材料,用量按设计要求另计。

四、其他:

1.测试桩接线、检查片、测试探头安装:

(1)测试桩接线,按接线数量,以"对"为计量单位,每支测试桩同管线或金属结构的接线为一对接线。

（2）检查片,以"对"为计量单位,每对检查片包括一片同管线（或测试桩）相连的试片和一片自然腐蚀的试片。

（3）测试探头,按设计数量,以"个"为计量单位。

2. 电绝缘装置性能测试和保护装置安装:

（1）电绝缘装置性能测试,以"处"为计量单位,每个绝缘法兰、绝缘接头为1处,每条穿越处的全部绝缘支撑、绝缘堵头为1处。

（2）绝缘保护装置,按保护装置的个数,以"个"为计量单位。

3. 阴极保护系统调试:

（1）线路:按阴极保护系统保护的管线里程,以"km"为计量单位,单独施工的穿跨越工程阴极保护工程量不足1km时,按1km计算。

（2）站内:强制电流阴极保护,按阴极保护站数量,以"站"为计量单位,牺牲阳极的阴极保护,按牺牲阳极的阳极组数量,以"组"为计量单位。

一、强制电流阴极保护

1.电源设备安装

工作内容:补充电、放电、充电、测试记录、清理。   计量单位:台

编 号			12-9-1	12-9-2	12-9-3	12-9-4	12-9-5
项 目			恒电位仪	整流器	电位仪工作台	恒电位仪一体机柜	智能电位采集仪
名 称		单位	消 耗 量				
人工	合计工日	工日	1.498	1.382	1.311	2.641	2.506
	其中 普工	工日	0.509	0.470	0.446	0.898	0.602
	高级技工	工日	0.180	0.166	0.157	0.317	0.152
	一般技工	工日	0.809	0.746	0.708	1.426	1.752
材料	镀锌裸铜绞线 16mm^2	kg	—	—	—	0.800	—
	平垫铁 综合	kg	—	—	—	0.200	—
	塑料绝缘电力电缆 VV 1×4mm^2 500V	m	5.000	5.000	—	—	—
	塑料绝缘电力电缆 VV 1×10mm^2 500V	m	10.000	10.000	—	—	—
	塑料绝缘电力电缆 VV 2×4mm^2 500V	m	10.000	10.000	—	—	—
	铝芯橡皮绝缘电线 BLX-6mm^2	m	10.000	10.000	—	—	—
	棉纱	kg	—	—	—	0.100	0.100
机械	载重汽车 5t	台班	0.345	0.315	0.296	0.099	0.500
	汽车式起重机 8t	台班	—	—	—	0.099	0.500
	柴油发电机组 30kW	台班	—	—	—	—	0.500
仪表	手持式万用表	台班	0.059	0.059	0.032	0.059	0.075
	兆欧表	台班	0.059	0.059	0.032	0.059	0.075

计量单位：台

编　号		12-9-6	12-9-7	12-9-8	12-9-9
项　目		测试桩		阴极保护电源	
		普通	智能	TEG	CCVT
名　称	单位	消　耗　量			
人工 合计工日	工日	0.650	0.800	1.098	3.221
人工 其中 普工	工日	0.200	0.200	0.373	1.095
人工 其中 高级技工	工日	0.150	0.200	0.132	0.387
人工 其中 一般技工	工日	0.300	0.400	0.593	1.739
材料 镀锌裸铜绞线 16mm²	kg	0.500	0.500	—	—
材料 铜端子 6mm²	个	2.000	2.000	2.000	4.000
材料 低碳钢焊条（综合）	kg	—	—	0.500	—
材料 铬不锈钢电焊条	kg	—	—	—	0.500
材料 尼龙砂轮片 φ150	片	—	—	—	2.000
材料 塑料绝缘电力电缆 VV 2×4mm² 500V	m	—	—	—	16.000
材料 防锈漆	kg	0.028	0.028	—	—
材料 醇酸调和漆 各色	kg	0.020	0.020	—	—
机械 直流弧焊机 20kV·A	台班	—	—	0.246	0.246
机械 载重汽车 5t	台班	—	—	0.150	0.250
机械 汽车式起重机 8t	台班	—	—	—	0.250
机械 柴油发电机组 30kW	台班	—	—	0.250	0.250
仪表 手持式万用表	台班	—	—	0.100	0.100
仪表 兆欧表	台班	—	—	0.100	0.100

2.阳极电极安装

工作内容：管子切口、坡口磨平、管口组对、垂直运输、管道安装、除锈、刷油。

编 号			12-9-10	12-9-11	12-9-12	12-9-13	12-9-14
项 目			棒式阳极安装		钢铁阳极制作、安装	柔性阳极制作、安装	长效 $CuSO_4$ 参比电极
			单接头	双接头			
			根			100m	根
名 称		单位	消 耗 量				
人工	合计工日	工日	0.652	0.765	0.489	4.685	0.221
	其中 普工	工日	0.222	0.260	0.166	1.593	0.075
	一般技工	工日	0.352	0.413	0.264	2.530	0.119
	高级技工	工日	0.078	0.092	0.059	0.562	0.027
材料	牺牲阳极棒	个	（1.000）	（1.000）	（1.000）	—	—
	带状阳极	m	—	—	—	（101.000）	—
	环氧树脂	kg	0.300	0.600	0.050	—	0.100
	石油沥青 10#	kg	—	—	1.000	—	—
	铜丝	kg	—	—	—	0.100	—
	镀锌铁丝（综合）	kg	—	—	—	0.300	—
	凡士林	kg	—	—	—	1.250	—
	钢丝绳 ϕ8.4	m	—	—	—	2.500	—
	紫铜电焊条 T107 ϕ3.2	kg	—	—	0.060	—	0.100
	石膏粉	kg	—	—	—	—	15.000
	硫酸铵	kg	—	—	—	—	1.000
	膨润土	kg	—	—	—	—	4.000
	棉布袋 ϕ300×1 500	个	—	—	—	—	（1.000）
	焊锡	kg	—	—	0.060	—	0.050
	硫酸铜参比电极	只	—	—	—	—	（1.000）
	铜接线端子 DT–6	个	—	—	1.000	—	1.000
	氧气	m³	—	—	0.800	—	—
	乙炔气	kg	—	—	0.240	—	—
	铜连接片	个	—	—	—	1.000	1.000
机械	柴油发电机组 30kW	台班	—	—	0.049	0.158	—
	交流弧焊机 21kV·A	台班	—	—	0.049	—	—
	载重汽车 5t	台班	0.079	0.079	0.049	0.266	—
	载重汽车 8t	台班	—	—	—	0.128	—
	汽车式起重机 8t	台班	—	—	—	0.128	—

编　号			12-9-15	12-9-16	12-9-17	12-9-18	12-9-19	12-9-20	12-9-21
项　目			锌参比电极	网状阳极	深井阳极安装		排气管	阳极井套管	
					井深20m	每增10m		钢套管	塑料管
			根	10m	套			10m	
名　称		单位	消　耗　量						
人工	合计工日	工日	0.326	—	10.128	2.978	0.796	5.664	5.382
	其中　普工	工日	0.111	—	3.444	1.013	0.398	1.926	1.830
	一般技工	工日	0.176	—	5.469	1.608	0.239	3.058	2.906
	高级技工	工日	0.039	—	1.215	0.357	0.159	0.680	0.646
材料	锌参比电极	个	(1.000)	—	—	—	—	—	—
	塑料管 $DN25$	m	—	—	(21.000)	(10.000)	—	—	—
	接线箱	个	—	—	(1.000)	—	—	—	—
	石膏粉	kg	7.500	—	—	—	—	—	—
	膨润土	kg	2.000	—	—	—	—	—	—
	棉布袋 $\phi300 \times 1\,500$	个	(2.000)	(3.000)	—	—	—	—	—
	黄砂(过筛中砂)	m³	1.000	0.022	0.500	1.000	—	—	—
	扁钢(综合)	kg	—	—	14.000	—	—	—	—
	环氧树脂	kg	0.260	—	0.200	—	—	—	—
	紫铜电焊条 T107 $\phi3.2$	kg	0.100	0.200	0.500	—	—	—	—
	焊锡	kg	0.050	0.100	0.400	—	—	—	—
	铜接线端子 DT-6	个	1.000	—	9.000	—	—	—	—
	铜铝过渡接线端子 25	个	1.000	—	9.000	—	—	—	—
	硫酸铵	kg	0.500	—	—	—	—	—	—
	镀锌钢管 $DN15$	m	—	—	5.000	—	—	—	—
	镀锌钢管接头 20×2.75	个	—	—	9.000	—	—	—	—
	水泥 P·O 42.5	kg	—	—	40.000	—	—	—	—
	低碳钢焊条 J427 $\phi3.2$	kg	—	—	8.580	3.980	—	—	—
	碳钢管	m	—	—	—	—	—	(10.300)	—
	氧气	m³	—	—	6.870	3.090	—	1.085	—
	乙炔气	kg	—	—	2.060	0.930	—	0.362	10.300
	酚醛防锈漆(各种颜色)	kg	—	—	—	—	—	2.674	—
	煤焦油沥青漆 L01-17	kg	—	—	—	—	—	10.919	—
	尼龙砂轮片 $\phi100 \times 16 \times 3$	片	—	—	—	—	—	1.954	—
	角钢(综合)	kg	—	—	—	—	—	0.138	—
	棉纱头	kg	—	—	—	—	0.132	0.051	0.602

续前

编　号		12-9-15	12-9-16	12-9-17	12-9-18	12-9-19	12-9-20	12-9-21
项　目		锌参比电极	网状阳极	深井阳极安装			阳极井套管	
				井深20m	每增10m	排气管	钢套管	塑料管
		根	10m	套			10m	
名　称	单位	消　耗　量						
材料	碎布	kg	—	—	—	—	—	2.441	—
	塑料布	m²	—	—	—	—	—	0.878	—
	钢丝 φ4.0	kg	—	—	—	—	—	0.081	—
	圆型钢丝轮 φ100	片	—	—	—	—	—	2.041	—
	木材	m³	—	—	—	—	—	—	0.001
	木柴	kg	—	—	—	—	—	—	1.030
	电阻丝	根	—	—	—	—	—	—	0.010
	铁砂布	张	—	—	—	—	1.500	—	2.500
	聚氯乙烯焊条（综合）	kg	—	—	—	—	—	—	0.428
	金属清洗剂	kg	—	—	—	—	—	0.796	—
	金属氧化物阳极带	m²	—	10.150	—	—	—	—	—
	钛导电连接片	个	—	3.000	—	—	—	—	—
	镀锌铁丝（综合）	kg	—	0.500	—	—	—	—	—
	铜连接片	个	1.000	2.020	9.000	—	—	—	—
	尼龙砂轮片 φ100	片	—	1.000	—	—	—	—	—
	PVC 管 φ60	米	—	—	—	—	10.200	—	—
	FL-15 胶黏剂	kg	—	—	—	—	0.016	—	—
	塑料管件	个	—	—	—	—	2.500	—	—
机械	立式钻床 25mm	台班	—	—	0.650	—	—	—	—
	载重汽车 5t	台班	—	—	0.493	0.246	—	—	—
	电焊机（综合）	台班	—	—	1.990	0.946	—	—	—
	汽车式起重机 8t	台班	—	—	—	—	—	0.030	0.001
	载重汽车 8t	台班	—	—	1.160	0.580	—	0.030	0.001
	吊装机械（综合）	台班	—	—	0.147	0.073	—	0.149	0.128
	电动空气压缩机 0.6m³/min	台班	—	—	—	—	—	—	1.446
	木工圆锯机 500mm	台班	—	—	—	—	0.001	—	0.004

3. 检查头、通电点

工作内容: 1. 表面处理、电气连接、连接点防腐、绝缘。
2. 均压线连接: 表面处理、焊压铜鼻子、电气连接、连接点防腐、绝缘。

计量单位: 处

编　号				12-9-22	12-9-23	12-9-24
项　目				检查头	通电点	均压线连接
名　称			单位	消　耗　量		
人工	合计工日		工日	1.661	0.326	0.411
	其中	普工	工日	0.565	0.111	0.140
		一般技工	工日	0.897	0.176	0.222
		高级技工	工日	0.199	0.039	0.049
材料	铝热焊剂（带点火器）10g/ 瓶		瓶	—	（6.000）	（6.000）
	铝热焊模具 LHM-3Y		个	—	（0.200）	（0.200）
	电池盒		个	—	（0.200）	（0.200）
	低碳钢焊条 J427 ϕ3.2		kg	—	—	0.200
	铜端子 6mm^2		个	10.000	—	—
	铜端子 16mm^2		个	—	2.000	2.000
	热轧厚钢板 δ4.5～10.0		kg	—	—	0.400
	热熔胶		kg	—	0.100	0.100
	收缩带		m^2	—	0.480	0.480
	焊锡		kg	—	0.100	0.050
	铝芯橡皮绝缘电线 BLX-6mm^2		m	10.000	—	—
	无缝钢管 D89×6		kg	0.100	—	—
机械	直流弧焊机 20kV·A		台班	—	—	0.246
	直流弧焊机 14kV·A		台班	0.100	0.040	—
	柴油发电机组 30kW		台班	—	—	0.246

二、牺牲阳极安装

工作内容：表面处理、焊接、配制填料、装袋、焊点防腐绝缘。　　　　　　　　　　　　计量单位：10 支

编　号			12-9-25	12-9-26	12-9-27	12-9-28
项　目			块状牺牲阳极			
			锌镁阳极块		接地电池块	
			同测试桩连接	同保护体连接	同测试桩连接	同被保护体连接
名　称		单位	消　耗　量			
人工	合计工日		工日	3.626	4.530	4.691	5.863
	其中	普工	工日	1.233	1.540	1.595	1.993
		一般技工	工日	1.958	2.446	2.533	3.166
		高级技工	工日	0.435	0.544	0.563	0.704
材料	芒硝		kg	（35.000）	（35.000）	（35.000）	（35.000）
	接地电池		个	—	—	（10.000）	（10.000）
	棉布袋 φ300×1 500		个	（10.000）	（10.000）	（10.000）	（10.000）
	镀锌铁丝（综合）		kg	0.500	0.500	1.000	1.000
	聚乙烯管		m	（1.000）	（1.000）	（2.000）	（2.000）
	焊锡		kg	0.500	—	1.000	—
	膨润土		kg	（140.000）	（140.000）	（140.000）	（140.000）
	石膏粉		kg	（525.000）	（525.000）	（525.000）	（525.000）
	紫铜电焊条 T107 φ3.2		kg	2.000	2.000	4.000	4.000
	环氧树脂		kg	3.000	3.000	6.000	6.000
	铝热焊剂（带点火器）10g/瓶		瓶	—	（30.000）	—	（60.000）
	热熔胶		kg	—	（0.500）	—	（1.000）
	铜连接片		个	10.000	—	20.000	—
	收缩带		m²	—	4.500	—	9.000
	冷缠胶带		m²	—	（1.200）	—	（2.400）
	铝热焊模具 LHM-3Y		个	—	（1.000）	—	（2.000）
	铜端子 6mm²		个	10.000	—	20.000	—
	铜铝过渡接线端子 25		个	10.000	—	20.000	—
机械	载重汽车 5t		台班	0.985	0.985	1.478	1.478
	电焊机（综合）		台班	0.490	0.490	0.990	0.990
	柴油发电机组 30kW		台班	—	0.490	—	0.990

编　号		12-9-29	12-9-30	12-9-31	12-9-32
项　目		带状牺牲阳极			
		同管沟敷设		套管内敷设	等电位垫
		同测试桩连接	同保护体连接		
		10m			处
名　称	单位	消　耗　量			
人工	合计工日	工日	0.320	0.241	0.362	0.241
	其中 普工	工日	0.109	0.082	0.123	0.082
	一般技工	工日	0.173	0.130	0.196	0.130
	高级技工	工日	0.038	0.029	0.043	0.029
材料	铜连接片	个	—	1.000	—	—
	带状阳极	m	（10.300）	（10.300）	（10.300）	—
	膨润土	kg	（50.000）	（50.000）	（140.000）	（140.000）
	石膏粉	kg	（15.000）	（15.000）	—	—
	硫酸镁	kg	（35.000）	（35.000）	—	—
	紫铜电焊条 T107 ϕ3.2	kg	0.100	0.100	—	—
	环氧树脂	kg	0.100	0.100	—	—
	铝热焊剂（带点火器）10g/瓶	瓶	（3.000）	—	（3.000）	（3.000）
	热熔胶	kg	0.100	—	0.200	0.100
	收缩带	m²	（0.600）	—	（0.072）	（0.600）
	冷缠胶带	m²	0.160	—	0.200	—
	铝热焊模具 LHM–3Y	个	（0.100）	—	—	（0.100）
	铜端子 6mm²	个	—	1.000	—	—
	铜铝过渡接线端子 25	个	—	1.000	—	—
机械	载重汽车 5t	台班	0.148	0.148	0.197	0.148
	电焊机（综合）	台班	0.099	—	0.099	0.099
	柴油发电机组 30kW	台班	0.099	—	0.099	0.099

三、排 流 保 护

工作内容: 1. 接地极:下料加工、刷漆、焊接、打入地下、电气连接。
2. 接地引线敷设:平直、下料、测位、焊接、固定。
3. 化学降阻处理:调配降阻剂、填充降阻剂。
4. 接地降阻测试:测量、记录。

	编　号		12-9-33	12-9-34	12-9-35	12-9-36	12-9-37
			强制排流器	极性排流器	辅助阳极		
	项　目				金属复合、氧化物	高硅铁	石墨
			台		块	支	
	名　称	单位	消　耗　量				
人工	合计工日	工日	1.333	1.866	0.241	0.344	0.220
	其中 普工	工日	0.453	0.634	0.082	0.117	0.075
	一般技工	工日	0.720	1.008	0.130	0.186	0.119
	高级技工	工日	0.160	0.224	0.029	0.041	0.026
材料	强制排流器	台	(1.000)	(1.000)	—	—	—
	极性排流器保护箱	台	—	(1.000)	—	—	—
	铝芯橡皮绝缘电线 BLX-6mm²	m	10.000	10.000	—	—	—
	塑料绝缘电力电缆 VV 2×4mm² 500V	m	10.000	10.000	—	—	—
	铝热焊剂(带点火器)10g/瓶	瓶	—	(6.000)	—	—	—
	铝热焊模具 LHM-3Y	个	—	(0.200)	—	—	—
	电池盒	个	—	(0.200)	—	—	—
	铜端子 16mm²	个	—	2.000	—	—	—
	热熔胶	kg	—	0.600	—	—	—
	复合阳极块	块	—	—	(1.000)	—	—
	硅铁阳极	块	—	—	—	(1.000)	—
	石墨阳极棒	根	—	—	—	—	(1.000)
	紫铜电焊条 T107 φ3.2	kg	—	—	0.100	0.120	—
	焊锡	kg	0.100	0.100	0.050	0.050	0.050
	低碳钢焊条(综合)	kg	—	—	0.100	0.100	0.100
	环氧树脂	kg	—	—	0.050	0.050	0.050
	收缩带	m²	—	0.078	0.009	0.009	0.009
	铜端子 6mm²	个	4.000	2.000	1.000	1.000	1.000
	铜铝过渡接线端子 25	个	—	—	1.000	1.000	1.000
机械	汽车式起重机 8t	台班	0.493	0.493	—	—	—
	载重汽车 5t	台班	0.493	0.493	0.049	0.049	0.049
	交流弧焊机 21kV·A	台班	—	—	0.049	0.049	—
	柴油发电机组 30kW	台班	—	—	0.049	0.049	—

编　　号		12-9-38	12-9-39	12-9-40
项　　目		接地引线敷设	化学降阻处理	降阻测试
		10m	支	组
名　　称	单位	消　耗　量		
人工 合计工日	工日	1.652	0.800	0.533
人工 其中 普工	工日	0.562	0.272	0.181
人工 其中 一般技工	工日	0.892	0.432	0.288
人工 其中 高级技工	工日	0.198	0.096	0.064
材料 阳极引线	m	（10.300）	—	—
材料 紫铜电焊条 T107 ϕ3.2	kg	0.200	—	—
材料 焊锡	kg	0.100	—	—
材料 低碳钢焊条（综合）	kg	0.800	—	—
材料 环氧树脂	kg	0.900	—	—
材料 收缩带	m^2	0.420	—	—
材料 铜端子 6mm^2	个	1.000	—	—
机械 载重汽车 5t	台班	0.039	—	—
机械 交流弧焊机 21kV·A	台班	0.039	—	—
机械 柴油发电机组 30kW	台班	0.039	—	—
仪表 手持式万用表	台班	—	—	0.050
仪表 精密交直流稳压电源	台班	—	—	0.050
仪表 接地电阻测试仪	台班	—	—	0.050

四、辅 助 安 装

1. 测试桩接线、检查片制作与安装、测试探头安装

工作内容：1. 测试桩接线：焊压铜鼻子、接线、焊点防腐。
　　　　　　2. 检查片制作与安装：检查片制作、防腐、埋设、接线、焊点防腐。
　　　　　　3. 测试探头安装：探头埋设、电气连接、防腐。

编　号			12-9-41	12-9-42	12-9-43	12-9-44	12-9-45
项　目			测试桩接线		检查片制作与安装		测试探头安装
			接管线	接金属结构	接管线	接测试桩	
			对				个
名　称		单位	消　耗　量				
人工	合计工日	工日	0.241	0.159	0.320	0.159	0.107
	其中 普工	工日	0.082	0.054	0.109	0.054	0.036
	一般技工	工日	0.130	0.086	0.173	0.086	0.058
	高级技工	工日	0.029	0.019	0.038	0.019	0.013
材料	铜连接片	个	—	—	—	1.000	—
	测试探头	个	—	—	—	—	（1.000）
	焊锡	kg	0.100	—	—	0.100	—
	铝热焊剂（带点火器）10g/瓶	瓶	（1.000）	—	—	—	—
	铝热焊模具 LHM-3Y	个	（0.100）	—	—	—	—
	电池盒	个	（0.100）	—	—	—	—
	铜端子 6mm²	个	1.000	—	—	1.000	3.000
	铜铝过渡接线端子 25	个	—	—	—	1.000	—
	热熔胶	kg	0.300	—	0.300	—	—
	收缩带	m²	0.360	—	0.360	—	—
	环氧树脂	kg	—	0.100	0.200	0.200	0.100
	冷缠胶带	m²	（0.100）	—	（0.064）	（0.016）	—
	紫铜电焊条 T107 φ3.2	kg	—	0.100	0.100	—	0.200
	低碳钢焊条（综合）	kg	—	0.200	—	—	—
	热轧厚钢板 δ4.5~10.0	kg	—	—	1.000	—	—
	扁钢（综合）	kg	—	—	2.000	—	—
	环氧煤沥青 底漆	kg	—	—	0.200	0.200	—
	聚乙烯管 PE De76×150	m	—	—	—	—	3.000
机械	载重汽车 5t	台班	0.020	0.020	0.020	—	0.049
	交流弧焊机 21kV·A	台班	0.100	0.049	0.090	—	0.049
	柴油发电机组 30kW	台班	0.100	—	0.090	—	—

2. 绝缘性能测试、保护装置安装

工作内容：1. 绝缘装置绝缘性能测试：测试、记录等。

2. 火花间隙保护装置：开箱检查、安支撑架、安装固定等。

3. 极化电极：开箱检查、支架安装、电池液配制、灌注、安装固定、接线、点焊、防腐等。

4. 准备、搬运、设备清理、检查、校接线、调试记录。

编 号			12-9-46	12-9-47	12-9-48	12-9-49
项 目			绝缘性能测试	保护装置安装		
				火花间隙	极化电池	浪涌保护器
			处	个		
名 称		单位	消 耗 量			
人工	合计工日	工日	1.599	0.800	1.599	0.341
	其中 普工	工日	0.544	0.272	0.544	0.116
	一般技工	工日	0.863	0.432	0.863	0.184
	高级技工	工日	0.192	0.096	0.192	0.041
材料	紫铜管	m	—	0.800	—	—
	焊锡	kg	—	0.100	0.100	—
	环氧树脂	kg	—	0.500	0.100	—
	硬铜绞线　TJ-10mm^2	m	—	1.500	—	—
	铜端子　6mm^2	个	—	—	2.000	1.000
	铝热焊剂（带点火器）10g/瓶	瓶	—	—	（2.000）	—
	铝热焊模具　LHM-3Y	个	—	—	（0.200）	—
	电池盒	个	—	—	（0.200）	—
	热熔胶	kg	—	—	（0.600）	—
	收缩带	m^2	—	—	（0.660）	—
	真丝绸布　宽900	m	—	—	—	0.050
机械	载重汽车　5t	台班	—	0.099	0.099	—
仪表	精密交直流稳压电源	台班	—	—	—	0.043
	手持式万用表	台班	—	—	—	0.368
	数字电压表	台班	—	—	—	0.040
	精密标准电阻箱	台班	—	—	—	0.040

3. 阴保系统调试

工作内容: 保护单体极化、测定土壤电阻率、阳极电位、输出电流、保护单位自然电位、保护电位、阳极接地电阻、输出电流调整。

编 号			12-9-50	12-9-51	12-9-52
项 目			被保护管（线）路	站内 强制电流	站内 牺牲阳极
			km	站	组
名 称		单位	消 耗 量		
人工	合计工日	工日	2.132	6.397	1.599
	其中 普工	工日	0.725	2.175	0.544
	一般技工	工日	1.151	3.454	0.863
	高级技工	工日	0.256	0.768	0.192
机械	载重汽车 4t	台班	1.140	—	—
仪表	高压绝缘电阻测试仪	台班	0.100	2.800	0.068
	手持式万用表	台班	0.100	1.800	0.068
	数字电压表	台班	0.100	2.600	0.068
	精密标准电阻箱	台班	0.100	2.200	0.068
	精密交直流稳压电源	台班	0.100	3.500	0.068

4.阳极井钻孔

工作内容： 1. 10m 以内：施工准备、钻机移动、钻孔、取土至孔外。

2. 10m 以上：施工准备、钻机拆卸、就位移动、疏通泥浆物、钻孔、压浆、清孔、测量孔径、孔深。

计量单位：10m

编　号				12-9-53	12-9-54	12-9-55	12-9-56
项　目				阳极井钻孔（10m 以内）		阳极井钻孔	
				普通土	坚土	20m 以内	每增加 10m
名　称			单位	消　耗　量			
人工	合计工日		工日	0.906	0.880	21.000	8.400
	其中	普工	工日	0.130	0.176	10.500	4.200
		一般技工	工日	0.520	0.704	6.300	2.520
		高级技工	工日	0.256	—	4.200	1.680
材料	水		m³	—	—	90.400	45.200
	混凝土井管 DN550		M	—	—	18.000	9.000
	镀锌钢管 DN25		m	—	—	1.300	1.300
	黏土		kg	0.300	—	1.700	0.850
	钢护筒		t	—	—	0.100	0.050
机械	电动多级离心清水泵 100mm 120m 以下		台班	—	—	2.200	1.100
	污水泵 100mm		台班	—	—	1.600	0.680
	泥浆泵 100mm		台班	—	—	1.400	0.600
	柴油发电机组 30kW		台班	—	—	2.200	1.100
	回旋钻机 500mm		台班	—	—	2.200	1.100
	岩石钻孔机 ϕ500/800		台班	0.650	0.850	—	—

第十章　绝　热　工　程

说　　明

一、本章内容包括设备、管道、通风管道的绝热工程。

二、关于下列各项费用的规定：

1. 镀锌铁皮保护层厚度按 0.8mm 以下综合考虑，若厚度大于 0.8mm 时，其人工乘以系数 1.20；卧式设备保护层安装时，其人工乘以系数 1.05；

2. 铝皮保护层执行镀锌铁皮保护层安装项目，主材可以换算，若厚度大于 1mm 时，其人工乘以系数 1.20。

3. 不锈钢薄板作保护层执行金属保护层相应项目，其人工乘以系数 1.25，钻头消耗量乘以系数 2.00，机械乘以系数 1.15。

4. 管道绝热均按现场安装后绝热施工考虑，若先绝热后安装时，其人工乘以系数 0.90。

三、有关说明：

1. 伴热管道、设备绝热工程量计算方法：主绝热管道或设备的直径加伴热管道的直径、再加 10~20mm 的间隙作为计算的直径，即：$D=D_主+d_伴+(10~20)$mm。

2. 管道绝热工程，除法兰、阀门单独套用消耗量外，其他管件均已考虑在内；设备绝热工程，除法兰、人孔单独套用消耗量外，其封头已考虑在内。

3. 聚氨酯泡沫塑料安装子目执行泡沫塑料相应子目。

4. 保温卷材安装执行相同材质的板材安装项目，其人工、铁丝消耗量不变，但卷材用量损耗率按 3.1% 考虑。

5. 复合材料分别安装时应按分层计算。

6. 根据绝热工程施工及验收技术规范，保温层厚度大于 80mm，保冷层厚度大于 75mm 时，若分为两层安装的，其工程量应按两层计算并分别套用消耗量项目；如厚 140mm 的要两层，分别为 60mm 和 80mm，该两层分别计算工程量，套用消耗量时，按单层 60mm 和 80mm 分别套用消耗量项目。

7. 聚氨酯泡沫塑料发泡安装，是按无模具直喷施工考虑的。若采用有模具浇注安装，其模具（制作与安装）费另行计算；由于批量不同，相差悬殊的，可另行协商，分次数摊销。发泡效果受环境温度条件影响较大，因此本定额以成品"m³"计算，环境温度低于 15℃应采用措施，其费用另计。

8. 管道及设备绝热内层施工时，设计要求采用钢带进行捆扎时，增加套取钢带安装子目。镀锌铁丝材料费进行扣除，其人工乘以系数 0.70。

9. 执行金属压型板的安装子项时，若设备本体有压型板铆接固定件，则消耗量消耗中的扁钢、槽钢相应给予删除。

工程量计算规则

一、计算公式。

1. 设备筒体或管道绝热、防潮和保护层计算公式：

$$V=\pi \times (D+1.033\delta) \times 1.033\delta \tag{1}$$

$$S=\pi \times (D+2.1\delta+0.008\ 2) \times L \tag{2}$$

式中：D——直径；

1.033、2.1——调整系数；

δ——绝热层厚度；

L——设备筒体或管道长；

0.008 2——捆扎线直径或钢带厚。

2. 伴热管道绝热工程量计算式：

（1）单管伴热或双管伴热（管径相同，夹角小于 90° 时）。

$$D'=D_1+D_2+(10 \sim 20) \tag{3}$$

式中：D'——伴热管道综合值；

D_1——主管道直径；

D_2——伴热管道直径；

（10 ~ 20）——主管道与伴热管道之间的间隙，单位为 mm。

（2）双管伴热（管径相同，夹角大于 90° 时）。

$$D'=D_1+1.5D_2+(10 \sim 20) \tag{4}$$

双管伴热（管径不同，夹角小于 90° 时）。

$$D'=D_1+D_{伴大}+(10 \sim 20) \tag{5}$$

式中：D'——伴热管道综合值；

D_1——主管道直径。

将上述 D' 计算结果分别代入公式（3）（4）计算出伴热管道的绝热层、防潮层和保护层工程量。

3. 设备封头绝热、防潮和保护层工程量计算式：

$$V=[(D+1.033\delta)1/2]2\pi \times 1.033\delta \times 1.5 \times N \tag{6}$$

$$S=[(D+2.1\delta)1/2]2\pi \times 1.5 \times N \tag{7}$$

4. 拱顶罐封头绝热、防潮和保护层计算公式：

$$V=2\pi r \times (h+1.033\delta) \times 1.033\delta \tag{8}$$

$$S=2\pi r \times (h+2.1\delta) \tag{9}$$

5. 当绝热需分层施工时，工程量分层计算，执行设计要求相应厚度子目。分层计算工程量计算式：

第一层：$V=\pi \times (D+1.03\delta) \times 1.03\delta \times L \tag{10}$

第二层至第 N 层：$D=[D+2.1\delta \times (N-1)] \tag{11}$

一、硬质制品安装

工作内容:运料、割料、安装、捆扎、修理整平、抹缝(或塞缝)。   计量单位:m³

编　号			12-10-1	12-10-2	12-10-3	12-10-4
项　目			立式设备(厚度 mm)			
			30	40	60	80
名　称		单位	消　耗　量			
人工	合计工日		工日	3.419	2.823	2.081	1.631
	其中	普工	工日	0.998	0.824	0.607	0.476
		一般技工	工日	2.054	1.696	1.251	0.980
		高级技工	工日	0.367	0.303	0.223	0.175
材料	硬质制品		m³	(1.060)	(1.060)	(1.060)	(1.060)
	硅藻土粉 生料		kg	64.250	64.250	64.250	64.250
	水		t	0.100	0.100	0.100	0.100
	镀锌铁丝 φ2.5~1.4		kg	6.800	6.800	6.800	6.800
机械	电动单筒慢速卷扬机 10kN		台班	0.120	0.120	0.120	0.120

注:适用于珍珠岩、蛭石、微孔硅酸钙等。

计量单位:m³

编　号			12-10-5	12-10-6	12-10-7	12-10-8
项　目			卧式设备(厚度 mm)			
			30	40	60	80
名　称		单位	消　耗　量			
人工	合计工日		工日	4.271	3.527	2.602	2.039
	其中	普工	工日	1.247	1.030	0.759	0.595
		一般技工	工日	2.566	2.119	1.564	1.225
		高级技工	工日	0.458	0.378	0.279	0.219
材料	硬质制品		m³	(1.060)	(1.060)	(1.060)	(1.060)
	硅藻土粉 生料		kg	64.250	64.250	64.250	64.250
	水		t	0.100	0.100	0.100	0.100
	镀锌铁丝 φ2.5~1.4		kg	6.900	6.900	6.900	6.900
机械	电动单筒慢速卷扬机 10kN		台班	0.120	0.120	0.120	0.120

计量单位：m³

编　号			12-10-9	12-10-10	12-10-11	12-10-12
项　目			球形设备（厚度　mm）			
			30	40	60	80
名　称		单位	消　耗　量			
人工	合计工日	工日	5.340	4.409	3.252	2.550
	其中 普工	工日	1.559	1.287	0.949	0.744
	一般技工	工日	3.208	2.649	1.954	1.532
	高级技工	工日	0.573	0.473	0.349	0.274
材料	硬质制品	m³	（1.060）	（1.060）	（1.060）	（1.060）
	硅藻土粉　生料	kg	64.250	64.250	64.250	64.250
	水	t	0.100	0.100	0.100	0.100
	镀锌铁丝　φ2.5～1.4	kg	7.200	7.200	7.200	7.200
机械	电动单筒慢速卷扬机　10kN	台班	0.120	0.120	0.120	0.120

计量单位：m³

编　号			12-10-13	12-10-14	12-10-15	12-10-16
项　目			管道 DN50 以下（厚度　mm）			
			30	40	60	80
名　称		单位	消　耗　量			
人工	合计工日	工日	5.990	4.835	3.514	2.527
	其中 普工	工日	1.748	1.411	1.026	0.738
	一般技工	工日	3.599	2.905	2.111	1.518
	高级技工	工日	0.643	0.519	0.377	0.271
材料	硬质制品	m³	（1.060）	（1.060）	（1.060）	（1.060）
	硅藻土粉　生料	kg	63.750	63.750	63.750	63.750
	水	t	0.100	0.100	0.100	0.100
	镀锌铁丝　φ2.5～1.4	kg	4.500	4.500	4.300	4.300
机械	电动单筒慢速卷扬机　10kN	台班	0.120	0.120	0.120	0.120

计量单位：m³

编　号			12-10-17	12-10-18	12-10-19	12-10-20
项　目			管道 *DN*125 以下（厚度 mm）			
			30	40	60	80
名　称		单位	消　耗　量			
人工	合计工日	工日	2.970	2.424	1.708	1.335
	其中 普工	工日	0.866	0.707	0.498	0.390
	一般技工	工日	1.785	1.457	1.027	0.802
	高级技工	工日	0.319	0.260	0.183	0.143
材料	硬质制品	m³	（1.060）	（1.060）	（1.060）	（1.060）
	硅藻土粉 生料	kg	63.750	63.750	63.750	63.750
	水	t	0.100	0.100	0.100	0.100
	镀锌铁丝 *φ*2.5～1.4	kg	3.000	3.000	2.990	2.990
机械	电动单筒慢速卷扬机 10kN	台班	0.120	0.120	0.120	0.120

计量单位：m³

编　号			12-10-21	12-10-22	12-10-23	12-10-24
项　目			管道 *DN*300 以下（厚度 mm）			
			30	40	60	80
名　称		单位	消　耗　量			
人工	合计工日	工日	2.640	2.145	1.579	1.157
	其中 普工	工日	0.771	0.626	0.461	0.338
	一般技工	工日	1.586	1.289	0.949	0.695
	高级技工	工日	0.283	0.230	0.169	0.124
材料	硬质制品	m³	（1.060）	（1.060）	（1.060）	（1.060）
	硅藻土粉 生料	kg	63.750	63.750	63.750	63.750
	水	t	0.100	0.100	0.100	0.100
	镀锌铁丝 *φ*2.5～1.4	kg	3.150	3.150	3.150	3.150
机械	电动单筒慢速卷扬机 10kN	台班	0.120	0.120	0.120	0.120

计量单位: m³

编 号			12-10-25	12-10-26	12-10-27	12-10-28
项 目			管道 DN500 以下（厚度 mm）			
			30	40	60	80
名 称		单位	消 耗 量			
人工	合计工日	工日	2.390	1.940	1.423	1.042
	其中 普工	工日	0.698	0.566	0.415	0.304
	一般技工	工日	1.436	1.166	0.855	0.626
	高级技工	工日	0.256	0.208	0.153	0.112
材料	硬质制品	m³	（1.060）	（1.060）	（1.060）	（1.060）
	硅藻土粉 生料	kg	63.750	63.750	63.750	63.750
	水	t	0.100	0.100	0.100	0.100
	镀锌铁丝 φ2.5~1.4	kg	3.110	3.110	3.110	3.110
机械	电动单筒慢速卷扬机 10kN	台班	0.120	0.120	0.120	0.120

计量单位: m³

编 号			12-10-29	12-10-30	12-10-31	12-10-32
项 目			管道 DN700 以下（厚度 mm）			
			30	40	60	80
名 称		单位	消 耗 量			
人工	合计工日	工日	2.164	1.762	1.301	0.960
	其中 普工	工日	0.632	0.514	0.379	0.280
	一般技工	工日	1.300	1.059	0.782	0.577
	高级技工	工日	0.232	0.189	0.140	0.103
材料	硬质制品	m³	（1.060）	（1.060）	（1.060）	（1.060）
	硅藻土粉 生料	kg	63.750	63.750	63.750	63.750
	水	t	0.100	0.100	0.100	0.100
	镀锌铁丝 φ2.5~1.4	kg	3.100	3.100	3.100	3.100
机械	电动单筒慢速卷扬机 10kN	台班	0.120	0.120	0.120	0.120

二、泡沫玻璃制品安装

工作内容：运料、割料、粘接、安装、捆扎、抹缝、修理找平。　　　　　　　　　计量单位：m³

编　号				12-10-33	12-10-34	12-10-35	12-10-36
项　目				立式设备（厚度　mm）			
				30	40	60	80
名　称			单位	消　耗　量			
人工	合计工日		工日	5.399	4.452	3.315	2.560
	其中	普工	工日	1.575	1.299	0.967	0.747
		一般技工	工日	3.244	2.675	1.992	1.538
		高级技工	工日	0.580	0.478	0.356	0.275
材料	泡沫玻璃制品		m³	（1.060）	（1.060）	（1.060）	（1.060）
	胶黏剂		kg	（25.000）	（25.000）	（25.000）	（25.000）
	镀锌铁丝 φ2.5～1.4		kg	6.610	6.610	6.610	6.610
机械	电动单筒慢速卷扬机 10kN		台班	0.120	0.120	0.120	0.120

　　　　　　　　　计量单位：m³

编　号				12-10-37	12-10-38	12-10-39	12-10-40
项　目				卧式设备（厚度　mm）			
				30	40	60	80
名　称			单位	消　耗　量			
人工	合计工日		工日	6.768	5.576	4.146	3.194
	其中	普工	工日	1.975	1.627	1.210	0.932
		一般技工	工日	4.067	3.351	2.491	1.919
		高级技工	工日	0.726	0.598	0.445	0.343
材料	泡沫玻璃制品		m³	（1.060）	（1.060）	（1.060）	（1.060）
	胶黏剂		kg	（25.000）	（25.000）	（25.000）	（25.000）
	镀锌铁丝 φ2.5～1.4		kg	6.610	6.610	6.610	6.610
机械	电动单筒慢速卷扬机 10kN		台班	0.120	0.120	0.120	0.120

计量单位：m³

编　号			12-10-41	12-10-42	12-10-43	12-10-44
项　目			球形设备（厚度 mm）			
			30	40	60	80
名　称		单位	消　耗　量			
人工	合计工日	工日	8.352	6.979	5.174	4.235
	其中 普工	工日	2.438	2.037	1.510	1.236
	一般技工	工日	5.017	4.193	3.109	2.545
	高级技工	工日	0.897	0.749	0.555	0.454
材料	泡沫玻璃制品	m³	（1.060）	（1.060）	（1.060）	（1.060）
	胶黏剂	kg	（30.000）	（30.000）	（30.000）	（30.000）
	镀锌铁丝 $\phi2.5\sim1.4$	kg	7.800	7.800	7.800	7.800
机械	电动单筒慢速卷扬机 10kN	台班	0.120	0.120	0.120	0.120

计量单位：m³

编　号			12-10-45	12-10-46	12-10-47	12-10-48
项　目			管道 DN50 以下（厚度 mm）			
			30	40	60	80
名　称		单位	消　耗　量			
人工	合计工日	工日	9.574	7.687	5.590	3.914
	其中 普工	工日	2.794	2.243	1.631	1.142
	一般技工	工日	5.753	4.619	3.359	2.352
	高级技工	工日	1.027	0.825	0.600	0.420
材料	泡沫玻璃制品	m³	（1.060）	（1.060）	（1.060）	（1.060）
	胶黏剂	kg	（57.480）	（45.280）	（27.590）	（20.880）
	镀锌铁丝 $\phi2.5\sim1.4$	kg	4.500	4.500	4.500	4.500
机械	电动单筒慢速卷扬机 10kN	台班	0.120	0.120	0.120	0.120

计量单位: m³

编 号			12-10-49	12-10-50	12-10-51	12-10-52
项 目			管道DN125以下（厚度 mm）			
			30	40	60	80
名 称		单位	消 耗 量			
人工	合计工日	工日	6.370	5.147	3.737	2.703
	其中 普工	工日	1.859	1.502	1.090	0.789
	一般技工	工日	3.828	3.093	2.246	1.624
	高级技工	工日	0.683	0.552	0.401	0.290
材料	泡沫玻璃制品	m³	（1.060）	（1.060）	（1.060）	（1.060）
	胶黏剂	kg	（51.490）	（40.880）	（26.350）	（19.660）
	镀锌铁丝 φ2.5~1.4	kg	2.950	2.950	2.950	2.950
机械	电动单筒慢速卷扬机 10kN	台班	0.120	0.120	0.120	0.120

计量单位: m³

编 号			12-10-53	12-10-54	12-10-55	12-10-56
项 目			管道DN300以下（厚度 mm）			
			30	40	60	80
名 称		单位	消 耗 量			
人工	合计工日	工日	5.602	4.533	3.310	2.396
	其中 普工	工日	1.635	1.323	0.966	0.699
	一般技工	工日	3.366	2.724	1.989	1.440
	高级技工	工日	0.601	0.486	0.355	0.257
材料	泡沫玻璃制品	m³	（1.060）	（1.060）	（1.060）	（1.060）
	胶黏剂	kg	（50.275）	（39.810）	（24.450）	（18.880）
	镀锌铁丝 φ2.5~1.4	kg	3.110	3.110	3.110	3.110
机械	电动单筒慢速卷扬机 10kN	台班	0.120	0.120	0.120	0.120

计量单位：m³

编　号				12-10-57	12-10-58	12-10-59	12-10-60
项　目				管道（厚度 mm）			
				DN700 以下	DN500 以下		
				40	60		80
名　称			单位	消　耗　量			
人工	合计工日		工日	4.995	4.099	2.991	2.309
	其中	普工	工日	1.458	1.196	0.873	0.674
		一般技工	工日	3.001	2.463	1.797	1.387
		高级技工	工日	0.536	0.440	0.321	0.248
材料	泡沫玻璃制品		m³	（1.060）	（1.060）	（1.060）	（1.060）
	胶黏剂		kg	（49.665）	（39.240）	（24.930）	（18.390）
	镀锌铁丝 φ2.5～1.4		kg	3.250	3.250	3.250	3.250
机械	电动单筒慢速卷扬机 10kN		台班	0.120	0.120	0.120	0.120

计量单位：m³

编　号				12-10-61	12-10-62	12-10-63	12-10-64
项　目				管道 DN700 以下（厚度 mm）			
				30	40	60	80
名　称			单位	消　耗　量			
人工	合计工日		工日	3.430	2.778	2.037	1.476
	其中	普工	工日	1.002	0.811	0.594	0.431
		一般技工	工日	2.060	1.669	1.224	0.887
		高级技工	工日	0.368	0.298	0.219	0.158
材料	泡沫玻璃制品		m³	（1.060）	（1.060）	（1.060）	（1.060）
	胶黏剂		kg	（48.535）	（38.310）	（24.260）	（17.860）
	镀锌铁丝 φ2.5～1.4		kg	6.000	6.000	6.000	6.000
机械	电动单筒慢速卷扬机 10kN		台班	0.120	0.120	0.120	0.120

三、泡沫塑料制品安装

工作内容: 运料、下料、安装、粘接、捆扎、修理找平。　　　　　　　　　　　　　　　　计量单位: m³

编　号			12-10-65	12-10-66	12-10-67	12-10-68
项　目			立式设备(厚度 mm)			
			30	40	60	80
名　称		单位	消　耗　量			
人工	合计工日	工日	4.049	3.338	2.487	1.919
	其中 普工	工日	1.182	0.974	0.726	0.560
	一般技工	工日	2.433	2.006	1.494	1.153
	高级技工	工日	0.434	0.358	0.267	0.206
材料	泡沫塑料制品	m³	(1.030)	(1.030)	(1.030)	(1.030)
	胶黏剂	kg	(25.000)	(25.000)	(25.000)	(25.000)
	镀锌铁丝 φ2.8~4.0	kg	6.500	6.500	6.500	6.500
机械	电动单筒慢速卷扬机 10kN	台班	0.120	0.120	0.120	0.120

计量单位: m³

编　号			12-10-69	12-10-70	12-10-71	12-10-72
项　目			卧式设备(厚度 mm)			
			30	40	60	80
名　称		单位	消　耗　量			
人工	合计工日	工日	5.077	4.183	3.109	2.396
	其中 普工	工日	1.482	1.221	0.907	0.699
	一般技工	工日	3.050	2.513	1.868	1.440
	高级技工	工日	0.545	0.449	0.334	0.257
材料	泡沫塑料制品	m³	(1.030)	(1.030)	(1.030)	(1.030)
	镀锌铁丝 φ2.8~4.0	kg	6.610	6.610	6.610	6.610
	胶黏剂	kg	(25.000)	(25.000)	(25.000)	(25.000)
机械	电动单筒慢速卷扬机 10kN	台班	0.120	0.120	0.120	0.120

计量单位:m³

编　号			12-10-73	12-10-74	12-10-75	12-10-76
项　目			球形设备(厚度 mm)			
			30	40	60	80
名　称		单位	消　耗　量			
人工	合计工日	工日	6.265	5.235	3.879	3.177
	其中 普工	工日	1.829	1.528	1.132	0.927
	一般技工	工日	3.763	3.145	2.331	1.909
	高级技工	工日	0.673	0.562	0.416	0.341
材料	泡沫塑料制品	m³	(1.060)	(1.060)	(1.060)	(1.060)
	镀锌铁丝 φ2.8~4.0	kg	6.610	6.610	6.610	6.610
	胶黏剂	kg	(30.000)	(30.000)	(30.000)	(30.000)
机械	电动单筒慢速卷扬机 10kN	台班	0.120	0.120	0.120	0.120

计量单位:m³

编　号			12-10-77	12-10-78	12-10-79	12-10-80
项　目			管道 DN50 以下(厚度 mm)			
			30	40	60	80
名　称		单位	消　耗　量			
人工	合计工日	工日	7.180	5.765	4.194	2.938
	其中 普工	工日	2.095	1.682	1.224	0.858
	一般技工	工日	4.314	3.464	2.520	1.765
	高级技工	工日	0.771	0.619	0.450	0.315
材料	泡沫塑料制品	m³	(1.030)	(1.030)	(1.030)	(1.030)
	镀锌铁丝 φ2.5~1.4	kg	4.300	4.300	4.300	4.300
	胶黏剂	kg	(57.480)	(45.280)	(27.590)	(20.880)
机械	电动单筒慢速卷扬机 10kN	台班	0.120	0.120	0.120	0.120

计量单位：m³

编　号			12-10-81	12-10-82	12-10-83	12-10-84
项　目			管道 DN125 以下（厚度 mm）			
			30	40	60	80
名　称		单位	消　耗　量			
人工	合计工日	工日	4.778	3.861	2.804	2.028
	其中 普工	工日	1.395	1.127	0.818	0.592
	一般技工	工日	2.871	2.320	1.685	1.218
	高级技工	工日	0.512	0.414	0.301	0.218
材料	泡沫塑料制品	m³	（1.030）	（1.030）	（1.030）	（1.030）
	镀锌铁丝 φ2.5～1.4	kg	2.930	2.930	2.930	2.930
	胶黏剂	kg	（51.490）	（40.880）	（26.350）	（19.660）
机械	电动单筒慢速卷扬机 10kN	台班	0.120	0.120	0.120	0.120

计量单位：m³

编　号			12-10-85	12-10-86	12-10-87	12-10-88
项　目			管道 DN300 以下（厚度 mm）			
			30	40	60	80
名　称		单位	消　耗　量			
人工	合计工日	工日	4.204	3.402	2.481	1.798
	其中 普工	工日	1.227	0.993	0.724	0.525
	一般技工	工日	2.526	2.044	1.491	1.080
	高级技工	工日	0.451	0.365	0.266	0.193
材料	泡沫塑料制品	m³	（1.030）	（1.030）	（1.030）	（1.030）
	镀锌铁丝 φ2.5～1.4	kg	3.110	3.110	3.110	3.110
	胶黏剂	kg	（50.275）	（39.810）	（25.450）	（18.880）
机械	电动单筒慢速卷扬机 10kN	台班	0.120	0.120	0.120	0.120

计量单位：m³

编　号			12-10-89	12-10-90	12-10-91	12-10-92
项　目			管道DN500以下（厚度 mm）			
			30	40	60	80
名　称		单位	消　耗　量			
人工	合计工日	工日	3.745	3.074	2.242	1.733
	其中 普工	工日	1.093	0.897	0.654	0.506
	一般技工	工日	2.250	1.847	1.347	1.041
	高级技工	工日	0.402	0.330	0.241	0.186
材料	泡沫塑料制品	m³	（1.030）	（1.030）	（1.030）	（1.030）
	镀锌铁丝 φ2.5~1.4	kg	3.240	3.240	3.240	3.240
	胶黏剂	kg	（49.665）	（39.240）	（24.930）	（18.390）
机械	电动单筒慢速卷扬机 10kN	台班	0.120	0.120	0.120	0.120

计量单位：m³

编　号			12-10-93	12-10-94	12-10-95	12-10-96
项　目			管道DN700以下（厚度 mm）			
			30	40	60	80
名　称		单位	消　耗　量			
人工	合计工日	工日	2.572	2.084	1.527	1.108
	其中 普工	工日	0.750	0.608	0.446	0.323
	一般技工	工日	1.545	1.252	0.917	0.666
	高级技工	工日	0.277	0.224	0.164	0.119
材料	泡沫塑料制品	m³	（1.030）	（1.030）	（1.030）	（1.030）
	镀锌铁丝 φ2.8~4.0	kg	3.600	3.600	3.600	3.600
	胶黏剂	kg	（38.310）	（31.420）	（24.260）	（17.860）
机械	电动单筒慢速卷扬机 10kN	台班	0.120	0.120	0.120	0.120

计量单位: m^3

编　　号			12-10-97	12-10-98	12-10-99	12-10-100	12-10-101
项　　目			矩形管道（厚度 mm）				
			30	40	50	60	80
名　　称		单位	消　耗　量				
人工	合计工日		工日	2.560	2.452	1.957	1.809	1.302
	其中	普工	工日	0.747	0.834	0.571	0.528	0.380
		一般技工	工日	1.538	1.373	1.176	1.087	0.782
		高级技工	工日	0.275	0.245	0.210	0.194	0.140
材料	泡沫塑料制品		m^3	（1.060）	（1.060）	（1.060）	（1.060）	（1.060）
	胶黏剂		kg	（25.000）	（25.000）	（25.000）	（25.000）	（25.000）
	铁皮箍		kg	3.300	3.150	3.000	2.850	2.700
	热轧薄钢板 $\delta 0.5 \sim 1.0$		kg	4.400	4.200	4.000	3.800	3.600
机械	电动单筒慢速卷扬机 10kN		台班	0.120	0.120	0.120	0.120	0.120

四、纤维类制品安装

工作内容: 运料、下料、开口、安装、捆扎、修理找平。　　　　　　　　　　　　　计量单位: m^3

编　　号			12-10-102	12-10-103	12-10-104	12-10-105
项　　目			立式设备（厚度 mm）			
			30	40	60	80
名　　称		单位	消　耗　量			
人工	合计工日		工日	1.662	1.362	1.007	0.762
	其中	普工	工日	0.486	0.398	0.294	0.222
		一般技工	工日	0.998	0.818	0.605	0.458
		高级技工	工日	0.178	0.146	0.108	0.082
材料	镀锌铁丝 $\phi 2.8 \sim 4.0$		kg	12.166	11.613	11.060	10.507
	纤维毡类制品		m^3	（1.030）	（1.030）	（1.030）	（1.030）
机械	电动单筒慢速卷扬机 10kN		台班	0.120	0.120	0.120	0.120

计量单位：m³

编　　号					12-10-106	12-10-107	12-10-108	12-10-109
项　目					卧式设备（厚度 mm）			
					30	40	60	80
名　　称				单位	消　耗　量			
人工	合计工日			工日	1.778	1.458	1.075	0.817
	其中	普工		工日	0.519	0.426	0.314	0.238
		一般技工		工日	1.069	0.876	0.646	0.491
		高级技工		工日	0.190	0.156	0.115	0.088
材料	纤维毡类制品			m³	（1.030）	（1.030）	（1.030）	（1.030）
	镀锌铁丝 φ2.8～4.0			kg	12.166	11.613	11.060	10.507
机械	电动单筒慢速卷扬机 10kN			台班	0.120	0.120	0.120	0.120

计量单位：m³

编　　号					12-10-110	12-10-111	12-10-112	12-10-113
项　目					球形设备（厚度 mm）			
					30	40	60	80
名　　称				单位	消　耗　量			
人工	合计工日			工日	1.937	1.585	1.172	0.885
	其中	普工		工日	0.565	0.462	0.342	0.258
		一般技工		工日	1.164	0.953	0.704	0.532
		高级技工		工日	0.208	0.170	0.126	0.095
材料	纤维毡类制品			m³	（1.030）	（1.030）	（1.030）	（1.030）
	镀锌铁丝 φ2.8～4.0			kg	20.020	19.110	18.820	17.290
机械	电动单筒慢速卷扬机 10kN			台班	0.120	0.120	0.120	0.120

计量单位: m³

编 号			12-10-114	12-10-115	12-10-116	12-10-117
项 目			管道 DN50 以下（厚度 mm）			
			30	40	60	80
名 称		单位	消 耗 量			
人工	合计工日	工日	4.777	3.834	2.683	1.948
	其中 普工	工日	1.394	1.119	0.783	0.569
	一般技工	工日	2.871	2.304	1.612	1.170
	高级技工	工日	0.512	0.411	0.288	0.209
材料	纤维管壳制品	m³	（1.030）	（1.030）	（1.030）	（1.030）
	镀锌铁丝 φ2.5~1.4	kg	4.675	4.462	4.250	3.825
机械	电动单筒慢速卷扬机 10kN	台班	0.120	0.120	0.120	0.120

计量单位: m³

编 号			12-10-118	12-10-119	12-10-120	12-10-121
项 目			管道 DN125 以下（厚度 mm）			
			30	40	60	80
名 称		单位	消 耗 量			
人工	合计工日	工日	2.299	1.866	1.370	1.000
	其中 普工	工日	0.671	0.545	0.400	0.292
	一般技工	工日	1.381	1.121	0.823	0.601
	高级技工	工日	0.247	0.200	0.147	0.107
材料	纤维管壳制品	m³	（1.030）	（1.030）	（1.030）	（1.030）
	镀锌铁丝 φ2.5~1.4	kg	3.190	3.040	2.900	2.750
机械	电动单筒慢速卷扬机 10kN	台班	0.120	0.120	0.120	0.120

计量单位：m³

编　号			12-10-122	12-10-123	12-10-124	12-10-125
项　目			管道 DN300 以下（厚度 mm）			
			30	40	60	80
名　称		单位	消　耗　量			
人工	合计工日		工日	2.026	1.648	1.220	0.893
	其中	普工	工日	0.591	0.481	0.356	0.261
		一般技工	工日	1.217	0.990	0.733	0.536
		高级技工	工日	0.218	0.177	0.131	0.096
材料	纤维管壳制品		m³	（1.030）	（1.030）	（1.030）	（1.030）
	镀锌铁丝 φ2.5～1.4		kg	3.220	3.070	2.930	2.780
机械	电动单筒慢速卷扬机 10kN		台班	0.120	0.120	0.120	0.120

计量单位：m³

编　号			12-10-126	12-10-127	12-10-128	12-10-129
项　目			管道 DN500 以下（厚度 mm）			
			30	40	60	80
名　称		单位	消　耗　量			
人工	合计工日		工日	1.894	1.553	1.163	0.870
	其中	普工	工日	0.552	0.453	0.339	0.254
		一般技工	工日	1.138	0.933	0.699	0.523
		高级技工	工日	0.204	0.167	0.125	0.093
材料	纤维毡类制品		m³	（1.030）	（1.030）	（1.030）	（1.030）
	镀锌铁丝 φ2.8～4.0		kg	4.290	4.090	3.900	3.700
机械	电动单筒慢速卷扬机 10kN		台班	0.120	0.120	0.120	0.120

计量单位:m³

编　号			12-10-130	12-10-131	12-10-132	12-10-133
项　目			管道 *DN*700 以下(厚度 mm)			
			30	40	60	80
名　称		单位	消　耗　量			
人工	合计工日	工日	1.720	1.417	1.069	0.811
	其中 普工	工日	0.502	0.414	0.312	0.237
	一般技工	工日	1.033	0.851	0.642	0.487
	高级技工	工日	0.185	0.152	0.115	0.087
材料	纤维毡类制品	m³	(1.030)	(1.030)	(1.030)	(1.030)
	镀锌铁丝 φ2.8~4.0	kg	4.290	4.090	3.900	3.700
机械	电动单筒慢速卷扬机 10kN	台班	0.120	0.120	0.120	0.120

工作内容:运料、下料、安装、捆扎、修理找平。

计量单位:m³

编　号			12-10-134	12-10-135	12-10-136	12-10-137	12-10-138
项　目			矩形管道(mm)				
			30	40	50	60	80
名　称		单位	消　耗　量				
人工	合计工日	工日	1.706	1.523	1.305	1.206	0.870
	其中 普工	工日	0.498	0.444	0.381	0.352	0.254
	一般技工	工日	1.025	0.915	0.784	0.725	0.523
	高级技工	工日	0.183	0.164	0.140	0.129	0.093
材料	纤维毡类制品	m³	(1.050)	(1.050)	(1.050)	(1.050)	(1.050)
	热轧薄钢板 δ0.5~1.0	kg	4.400	4.200	4.000	3.800	3.600
	铁皮箍	kg	3.300	3.150	3.000	2.850	2.700
机械	电动单筒慢速卷扬机 10kN	台班	0.120	0.120	0.120	0.120	0.120

工作内容: 运料、拆包、铺絮、安装、捆扎、修理找平。　　　　　　　　　　　　　　　计量单位:m³

编　号			12-10-139	12-10-140	12-10-141	12-10-142	12-10-143
项　目			散状材料管道直径(mm 以下)				
			DN50	DN125	DN300	DN500	DN700
名　称		单位	消　耗　量				
人工	合计工日	工日	2.328	1.458	1.388	1.329	1.267
	其中 普工	工日	0.679	0.426	0.405	0.388	0.370
	一般技工	工日	1.399	0.876	0.834	0.798	0.761
	高级技工	工日	0.250	0.156	0.149	0.143	0.136
材料	纤维类散状材料	m³	(1.030)	(1.030)	(1.030)	(1.030)	(1.030)
	镀锌铁丝 φ2.8~4.0	kg	—	—	—	—	6.100
	镀锌铁丝 φ2.5~1.4	kg	3.580	3.580	3.900	3.900	—
机械	电动单筒慢速卷扬机 10kN	台班	0.120	0.120	0.120	0.120	0.120

五、棉席(被)类制品安装

工作内容: 运料、下料、安装、捆扎、修理找平。　　　　　　　　　　　　　　　　计量单位:m³

编　号			12-10-144	12-10-145	12-10-146	12-10-147
项　目			阀门 DN300 以下(厚度 mm)		阀门 DN500 以下(厚度 mm)	
			50	80	50	80
名　称		单位	消　耗　量			
人工	合计工日	工日	13.685	12.011	13.685	12.058
	其中 普工	工日	3.994	3.505	3.994	3.519
	一般技工	工日	8.223	7.217	8.223	7.245
	高级技工	工日	1.468	1.289	1.468	1.294
材料	棉席被类制品	m³	(1.050)	(1.050)	(1.050)	(1.050)
	镀锌铁丝 φ2.5~1.4	kg	8.500	8.500	10.000	10.000
机械	电动单筒慢速卷扬机 10kN	台班	0.120	0.120	0.120	0.120

计量单位：m³

编　号			12-10-148	12-10-149	12-10-150	12-10-151
项　目			阀门 DN700 以下（厚度 mm）		阀门 DN1 000 以下（厚度 mm）	
			50	80	50	80
名　称		单位	消　耗　量			
人工	合计工日	工日	12.086	10.649	10.866	9.566
	其中 普工	工日	3.527	3.108	3.171	2.792
	一般技工	工日	7.262	6.398	6.529	5.748
	高级技工	工日	1.297	1.143	1.166	1.026
材料	棉席被类制品	m³	（1.050）	（1.050）	（1.050）	（1.050）
	镀锌铁丝 φ2.5～1.4	kg	10.660	10.660	11.300	11.300
机械	电动单筒慢速卷扬机 10kN	台班	0.120	0.120	0.120	0.120

计量单位：m³

编　号			12-10-152	12-10-153	12-10-154	12-10-155
项　目			法兰 DN300 以下（厚度 mm）		法兰 DN500 以下（厚度 mm）	阀门 DN500 以下（厚度 mm）
			50	80	50	80
名　称		单位	消　耗　量			
人工	合计工日	工日	16.742	14.741	13.257	11.677
	其中 普工	工日	4.886	4.302	3.869	3.408
	一般技工	工日	10.060	8.857	7.966	7.016
	高级技工	工日	1.796	1.582	1.422	1.253
材料	棉席被类制品	m³	（1.050）	（1.050）	（1.050）	（1.050）
	镀锌铁丝 φ2.5～1.4	kg	10.600	10.600	10.600	10.600
机械	电动单筒慢速卷扬机 10kN	台班	0.120	0.120	0.120	0.120

计量单位：m³

编　号			12-10-156	12-10-157	12-10-158	12-10-159
项　目			法兰 DN700 以下（厚度　mm）		法兰 DN1 000 以下（厚度　mm）	
			50	80	50	80
名　称		单位	消　耗　量			
人工	合计工日	工日	12.664	10.962	12.031	10.601
	其中 普工	工日	3.696	3.199	3.511	3.094
	一般技工	工日	7.609	6.587	7.229	6.370
	高级技工	工日	1.359	1.176	1.291	1.137
材料	棉席被类制品	m³	（1.030）	（1.030）	（1.030）	（1.030）
	镀锌铁丝　ϕ2.5～1.4	kg	10.600	10.600	10.660	10.660
机械	电动单筒慢速卷扬机 10kN	台班	0.120	0.120	0.120	0.120

六、聚氨酯泡沫喷涂发泡安装

工作内容：运料、现场施工准备、配料、喷涂、修理找平、设备机具修理。　　　　计量单位：m³

编　号			12-10-160	12-10-161	12-10-162	12-10-163
项　目			立式设备（厚度　mm）			卧式设备（mm）
			50 以下	100 以下	100 以上	50 以下
名　称		单位	消　耗　量			
人工	合计工日	工日	2.608	2.506	2.282	2.969
	其中 普工	工日	0.761	0.731	0.666	0.866
	一般技工	工日	1.567	1.506	1.371	1.784
	高级技工	工日	0.280	0.269	0.245	0.319
材料	可发性聚氨酯泡沫塑料	kg	（62.500）	（62.500）	（62.500）	（62.500）
	丙酮	kg	5.000	5.000	5.000	5.000
	毛刷	把	6.695	6.695	6.695	6.695
机械	电动空气压缩机 3m³/min	台班	0.400	0.400	0.400	0.400
	喷涂机	台班	0.400	0.400	0.400	0.400

计量单位:m³

编 号			12-10-164	12-10-165	12-10-166	12-10-167	12-10-168
项 目			卧式设备(厚度 mm)		球形设备(厚度 mm)		
			100 以下	100 以上	50 以下	100 以下	100 以上
名 称		单位	消 耗 量				
人工	合计工日	工日	2.716	2.478	2.969	2.716	2.478
	其中 普工	工日	0.793	0.723	0.866	0.793	0.723
	一般技工	工日	1.632	1.489	1.784	1.632	1.489
	高级技工	工日	0.291	0.266	0.319	0.291	0.266
材料	可发性聚氨酯泡沫塑料	kg	(62.500)	(62.500)	(62.500)	(62.500)	(62.500)
	丙酮	kg	5.000	5.000	5.000	5.000	5.000
	毛刷	把	6.695	6.695	6.695	6.695	6.695
机械	电动空气压缩机 3m³/min	台班	0.400	0.400	0.400	0.400	0.400
	喷涂机	台班	0.400	0.400	0.400	0.400	0.400

计量单位:m³

编 号			12-10-169	12-10-170	12-10-171	12-10-172	12-10-173	12-10-174
项 目			管道(厚度 mm)					
			DN50			DN125		
			40	60	80	40	60	80
名 称		单位	消 耗 量					
人工	合计工日	工日	5.881	4.938	5.815	4.574	3.268	4.201
	其中 普工	工日	1.716	1.441	1.697	1.335	0.954	1.226
	一般技工	工日	3.534	2.967	3.494	2.748	1.963	2.524
	高级技工	工日	0.631	0.530	0.624	0.491	0.351	0.451
材料	可发性聚氨酯泡沫塑料	kg	(62.300)	(62.300)	(62.300)	(62.300)	(62.300)	(62.300)
	高密度聚乙烯管壳 δ3	kg	(110.290)	(78.010)	(51.690)	(94.700)	(66.930)	(44.470)
	丙酮	kg	5.000	5.000	5.000	5.000	5.000	5.000
	热轧薄钢板 δ0.5~1.0	kg	3.500	3.500	3.500	4.000	4.000	4.000
机械	电动空气压缩机 3m³/min	台班	0.420	0.420	0.420	0.400	0.400	0.400
	喷涂机	台班	0.420	0.420	0.420	0.400	0.400	0.400

计量单位: m³

编 号			12-10-175	12-10-176	12-10-177	12-10-178	12-10-179	12-10-180
项 目			管道(厚度 mm)					
			DN300			DN500		
			40	60	80	40	60	80
名 称		单位	消 耗 量					
人工	合计工日	工日	2.106	1.452	1.017	1.596	1.162	0.870
	其中 普工	工日	0.614	0.424	0.297	0.466	0.339	0.254
	一般技工	工日	1.266	0.872	0.611	0.959	0.698	0.523
	高级技工	工日	0.226	0.156	0.109	0.171	0.125	0.093
材料	可发性聚氨酯泡沫塑料	kg	(62.300)	(62.300)	(62.300)	(62.300)	(62.300)	(62.300)
	高密度聚乙烯管壳 δ3	kg	(141.770)	(98.240)	(63.300)	(135.640)	(93.000)	(58.820)
	丙酮	kg	5.500	5.500	5.500	5.500	5.500	5.500
	热轧薄钢板 δ0.5~1.0	kg	5.500	5.500	5.500	6.000	6.000	6.000
机械	电动空气压缩机 3m³/min	台班	0.380	0.380	0.380	0.360	0.360	0.360
	喷涂机	台班	0.380	0.380	0.380	0.360	0.360	0.360

计量单位: m³

编 号			12-10-181	12-10-182	12-10-183
项 目			管道(厚度 mm)		
			DN700		
			40	60	80
名 称		单位	消 耗 量		
人工	合计工日	工日	1.524	0.870	0.291
	其中 普工	工日	0.445	0.254	0.085
	一般技工	工日	0.916	0.523	0.175
	高级技工	工日	0.163	0.093	0.031
材料	可发性聚氨酯泡沫塑料	kg	(62.300)	(62.300)	(62.300)
	高密度聚乙烯管壳 δ3	kg	(132.890)	(90.580)	(56.700)
	丙酮	kg	5.000	5.000	5.000
	热轧薄钢板 δ0.5~1.0	kg	6.000	6.000	6.000
机械	电动空气压缩机 3m³/min	台班	0.360	0.360	0.360
	喷涂机	台班	0.360	0.360	0.360

七、聚氨酯泡沫喷涂发泡补口安装

工作内容: 运料、现场施工准备、配料、喷涂、修理找平、设备机具修理。 计量单位:1个口

编　号			12-10-184	12-10-185	12-10-186	12-10-187	12-10-188	12-10-189
项　目			管道(厚度 mm)					
			DN50			DN125		
			40	60	80	40	60	80
名　称		单位	消　耗　量					
人工	合计工日	工日	0.185	0.193	0.201	0.193	0.201	0.209
	其中 普工	工日	0.054	0.056	0.058	0.056	0.058	0.061
	一般技工	工日	0.111	0.116	0.121	0.116	0.121	0.126
	高级技工	工日	0.020	0.021	0.022	0.021	0.022	0.022
材料	可发性聚氨酯泡沫塑料	kg	(0.188)	(0.281)	(0.374)	(0.437)	(0.656)	(0.874)
	高密度聚乙烯管壳 $\delta3$	kg	(0.343)	(0.515)	(0.686)	(0.800)	(1.201)	(1.601)
	丙酮	kg	0.014	0.021	0.029	0.033	0.050	0.067
	热轧薄钢板 $\delta0.5\sim1.0$	kg	0.010	0.015	0.020	0.023	0.035	0.047

计量单位:1个口

编　号			12-10-190	12-10-191	12-10-192	12-10-193	12-10-194	12-10-195
项　目			管道(厚度 mm)					
			DN300			DN500		
			40	60	80	40	60	80
名　称		单位	消　耗　量					
人工	合计工日	工日	0.223	0.231	0.240	0.230	0.240	0.248
	其中 普工	工日	0.065	0.067	0.070	0.067	0.070	0.072
	一般技工	工日	0.134	0.139	0.144	0.138	0.144	0.149
	高级技工	工日	0.024	0.025	0.026	0.025	0.026	0.027
材料	可发性聚氨酯泡沫塑料	kg	(1.069)	(1.603)	(2.138)	(2.614)	(3.921)	(5.228)
	高密度聚乙烯管壳 $\delta3$	kg	(1.956)	(2.934)	(3.912)	(4.784)	(7.177)	(9.569)
	丙酮	kg	0.082	0.123	0.163	0.200	0.300	0.400
	热轧薄钢板 $\delta0.5\sim1.0$	kg	0.057	0.086	0.114	0.140	0.210	0.280

计量单位：1个口

编　号				12-10-196	12-10-197	12-10-198
项　目				管道（厚度 mm）		
				DN700		
				40	60	80
名　称			单位	消　耗　量		
人工	合计工日		工日	0.252	0.263	0.272
	其中	普工	工日	0.074	0.077	0.079
		一般技工	工日	0.151	0.158	0.164
		高级技工	工日	0.027	0.028	0.029
材料	可发性聚氨酯泡沫塑料		kg	（3.551）	（5.326）	（7.102）
	高密度聚乙烯管壳 δ3		kg	（6.500）	（9.749）	（12.999）
	丙酮		kg	0.271	0.407	0.543
	热轧薄钢板 δ0.5～1.0		kg	0.190	0.285	0.380

八、涂抹类材料安装

工作内容：运料、搅拌均匀、涂抹安装、找平压光。

计量单位：10m²

编　号				12-10-199	12-10-200	12-10-201	12-10-202
项　目				设备（厚度 mm）			
				20	40	60	80
名　称			单位	消　耗　量			
人工	合计工日		工日	2.077	2.370	2.832	2.859
	其中	普工	工日	0.606	0.692	0.826	0.834
		一般技工	工日	1.248	1.424	1.702	1.718
		高级技工	工日	0.223	0.254	0.304	0.307
材料	硅酸盐涂抹料		m³	（0.203）	（0.406）	（0.609）	（0.816）
	水		t	0.200	0.400	0.600	0.800
机械	电动单筒慢速卷扬机 10kN		台班	0.200	0.200	0.200	0.200

计量单位：m³

编　号			12-10-203	12-10-204	12-10-205	12-10-206
项　目			设备（厚度　mm）			
			30 以内	40 以内	50 以内	50 以外
名　称		单位	消　耗　量			
人工	合计工日	工日	2.782	2.420	2.374	2.034
	其中 普工	工日	0.812	0.706	0.693	0.594
	一般技工	工日	1.672	1.454	1.426	1.222
	高级技工	工日	0.298	0.260	0.255	0.218
材料	保温膏	m³	（1.040）	（1.040）	（1.040）	（1.040）
	毛刷	把	0.030	0.030	0.030	0.030
机械	灰浆搅拌机 200L	台班	0.045	0.045	0.045	0.045

计量单位：10m²

编　号			12-10-207	12-10-208	12-10-209	12-10-210
项　目			管道（厚度　mm）			
			20	40	60	80
名　称		单位	消　耗　量			
人工	合计工日	工日	2.301	2.621	3.138	3.166
	其中 普工	工日	0.671	0.765	0.916	0.924
	一般技工	工日	1.383	1.575	1.885	1.902
	高级技工	工日	0.247	0.281	0.337	0.340
材料	硅酸盐涂抹料	m³	（0.203）	（0.406）	（0.609）	（0.816）
	水	t	0.200	0.400	0.600	0.800
机械	电动单筒慢速卷扬机 10kN	台班	0.200	0.200	0.200	0.200

计量单位：10m²

编　号			12-10-211	12-10-212	12-10-213	12-10-214
项　目			阀门（厚度 mm）			
			20	40	60	80
名　称		单位	消　耗　量			
人工	合计工日	工日	5.174	5.938	6.815	7.544
	其中	普工	工日	1.510	1.733	1.989	2.202
		一般技工	工日	3.109	3.568	4.095	4.533
		高级技工	工日	0.555	0.637	0.731	0.809
材料	硅酸盐涂抹料	m³	（0.203）	（0.406）	（0.609）	（0.816）
	水	t	0.200	0.400	0.600	0.800
机械	电动单筒慢速卷扬机 10kN	台班	0.200	0.200	0.200	0.200

计量单位：10m²

编　号			12-10-215	12-10-216	12-10-217	12-10-218
项　目			法兰（厚度 mm）			
			20	40	60	80
名　称		单位	消　耗　量			
人工	合计工日	工日	3.302	3.826	4.439	5.065
	其中	普工	工日	0.964	1.117	1.296	1.478
		一般技工	工日	1.984	2.299	2.667	3.044
		高级技工	工日	0.354	0.410	0.476	0.543
材料	硅酸盐涂抹料	m³	（0.203）	（0.406）	（0.609）	（0.816）
	水	t	0.200	0.400	0.600	0.800
机械	电动单筒慢速卷扬机 10kN	台班	0.200	0.200	0.200	0.200

计量单位：m³

编　号			12-10-219	12-10-220	12-10-221	12-10-222
项　目			管道（管径 40mm）			
			DN50 以内	DN125 以内	DN400 以内	DN400 以外
名　称		单位	消　耗　量			
人工	合计工日	工日	15.925	9.814	5.688	3.802
	其中 普工	工日	4.647	2.864	1.660	1.110
	一般技工	工日	9.569	5.897	3.418	2.284
	高级技工	工日	1.709	1.053	0.610	0.408
材料	保温膏	m³	（1.040）	（1.040）	（1.040）	（1.040）
	毛刷	把	0.300	0.300	0.300	0.300
机械	灰浆搅拌机 200L	台班	0.045	0.045	0.045	0.045

计量单位：m³

编　号			12-10-223	12-10-224	12-10-225	12-10-226
项　目			管道（管径 mm）			
			DN50 以内	DN125 以内	DN400 以内	DN400 以外
			50mm 以上			
名　称		单位	消　耗　量			
人工	合计工日	工日	12.332	7.604	4.407	2.886
	其中 普工	工日	3.599	2.219	1.286	0.842
	一般技工	工日	7.410	4.569	2.648	1.734
	高级技工	工日	1.323	0.816	0.473	0.310
材料	保温膏	m³	（1.040）	（1.040）	（1.040）	（1.040）
	毛刷	把	0.300	0.300	0.300	0.300
机械	灰浆搅拌机 200L	台班	0.045	0.045	0.045	0.045

九、带铝箔离心玻璃棉安装

工作内容: 运料、拆包、裁料、安装、贴缝、修理找平。　　　　　　　　　　　　　　　　　计量单位: m³

编　号			12-10-227	12-10-228	12-10-229	12-10-230
项　目			立式设备(厚度 mm)			
			30	40	60	80
名　称		单位	消　耗　量			
人工	合计工日	工日	4.679	3.772	2.594	1.960
	其中 普工	工日	1.366	1.101	0.757	0.572
	一般技工	工日	2.810	2.266	1.559	1.178
	高级技工	工日	0.503	0.405	0.278	0.210
材料	带铝箔离心玻璃棉管壳	m³	(1.030)	(1.030)	(1.030)	(1.030)
	铝箔胶带(45mm卷)	卷	5.085	4.070	2.720	2.040
	割管刀片	片	1.200	1.200	1.200	1.200
	镀锌铁丝 φ2.5~1.4	kg	11.000	11.000	11.000	11.000
机械	电动单筒慢速卷扬机 10kN	台班	0.120	0.120	0.120	0.120

　　　计量单位: m³

编　号			12-10-231	12-10-232	12-10-233	12-10-234
项　目			卧式设备(厚度 mm)			
			30	40	60	80
名　称		单位	消　耗　量			
人工	合计工日	工日	5.092	4.154	2.941	2.282
	其中 普工	工日	1.486	1.212	0.858	0.666
	一般技工	工日	3.059	2.496	1.767	1.371
	高级技工	工日	0.547	0.446	0.316	0.245
材料	带铝箔离心玻璃棉管壳	m³	(1.030)	(1.030)	(1.030)	(1.030)
	铝箔胶带(45mm卷)	卷	5.085	4.070	2.720	2.040
	镀锌铁丝 φ2.5~1.4	kg	11.000	11.000	11.000	11.000
	割管刀片	片	1.200	1.200	1.200	1.200
机械	电动单筒慢速卷扬机 10kN	台班	0.120	0.120	0.120	0.120

计量单位：m³

编　号		12-10-235	12-10-236	12-10-237	12-10-238
项　目		球式设备（厚度 mm）			
		30	40	60	80
名　称	单位	消　耗　量			
合计工日	工日	5.639	4.643	3.383	2.655
人工　其中　普工	工日	1.646	1.355	0.987	0.775
一般技工	工日	3.388	2.790	2.033	1.595
高级技工	工日	0.605	0.498	0.363	0.285
带铝箔离心玻璃棉管壳	m³	（1.050）	（1.050）	（1.050）	（1.050）
材料　铝箔胶带（45mm 卷）	卷	5.555	4.450	2.990	2.240
镀锌铁丝 φ2.5~1.4	kg	11.000	11.000	11.000	11.000
割管刀片	片	1.200	1.200	1.200	1.200
机械　电动单筒慢速卷扬机 10kN	台班	0.120	0.120	0.120	0.120

计量单位：m³

编　号		12-10-239	12-10-240	12-10-241	12-10-242
项　目		管道（厚度 mm）			
		DN50 以下			
		30	40	60	80
名　称	单位	消　耗　量			
合计工日	工日	4.730	3.792	2.703	1.919
人工　其中　普工	工日	1.380	1.106	0.789	0.560
一般技工	工日	2.842	2.279	1.624	1.153
高级技工	工日	0.508	0.407	0.290	0.206
带铝箔离心玻璃棉管壳	m³	（1.030）	（1.030）	（1.030）	（1.030）
材料　铝箔胶带（45mm 卷）	卷	5.085	3.960	2.430	1.710
割管刀片	片	1.200	1.200	1.200	1.200
机械　电动单筒慢速卷扬机 10kN	台班	0.120	0.120	0.120	0.120

计量单位: m³

编　　号				12-10-243	12-10-244	12-10-245	12-10-246
项　　目				管道（厚度 mm）			
				DN125 以下			
				30	40	60	80
名　　称			单位	消　耗　量			
人工	合计工日		工日	2.838	2.282	1.703	1.172
	其中	普工	工日	0.828	0.666	0.497	0.342
		一般技工	工日	1.705	1.371	1.023	0.704
		高级技工	工日	0.305	0.245	0.183	0.126
材料	带铝箔离心玻璃棉管壳		m³	（1.030）	（1.030）	（1.030）	（1.030）
	铝箔胶带（45mm 卷）		卷	3.415	2.730	1.810	1.360
	割管刀片		片	1.200	1.200	1.200	1.200
机械	电动单筒慢速卷扬机 10kN		台班	0.120	0.120	0.120	0.120

计量单位: m³

编　　号				12-10-247	12-10-248	12-10-249	12-10-250
项　　目				管道（厚度 mm）			
				DN300 以下			
				30	40	60	80
名　　称			单位	消　耗　量			
人工	合计工日		工日	2.068	1.668	1.246	0.870
	其中	普工	工日	0.604	0.487	0.363	0.254
		一般技工	工日	1.242	1.002	0.749	0.523
		高级技工	工日	0.222	0.179	0.134	0.093
材料	带铝箔离心玻璃棉管壳		m³	（1.030）	（1.030）	（1.030）	（1.030）
	铝箔胶带（45mm 卷）		卷	2.505	2.040	1.430	1.110
	割管刀片		片	1.200	1.200	1.200	1.200
机械	电动单筒慢速卷扬机 10kN		台班	0.120	0.120	0.120	0.120

计量单位：m³

编　号			12-10-251	12-10-252	12-10-253	12-10-254
项　目			管道（厚度 mm）			
			DN500 以下			
			30	40	60	80
名　称		单位	消　耗　量			
人工	合计工日	工日	1.828	1.498	1.103	0.839
	其中 普工	工日	0.533	0.437	0.322	0.245
	一般技工	工日	1.098	0.900	0.663	0.504
	高级技工	工日	0.197	0.161	0.118	0.090
材料	带铝箔离心玻璃棉管壳	m³	（1.030）	（1.030）	（1.030）	（1.030）
	铝箔胶带（45mm 卷）	卷	2.420	1.970	1.370	1.070
	割管刀片	片	1.200	1.200	1.200	1.200
机械	电动单筒慢速卷扬机 10kN	台班	0.120	0.120	0.120	0.120

计量单位：m³

编　号			12-10-255	12-10-256	12-10-257	12-10-258
项　目			管道（厚度 mm）			
			DN700 以下			
			30	40	60	80
名　称		单位	消　耗　量			
人工	合计工日	工日	1.503	1.231	0.919	0.688
	其中 普工	工日	0.438	0.359	0.268	0.201
	一般技工	工日	0.904	0.740	0.552	0.413
	高级技工	工日	0.161	0.132	0.099	0.074
材料	带铝箔离心玻璃棉管壳	m³	（1.030）	（1.030）	（1.030）	（1.030）
	铝箔胶带（45mm 卷）	卷	2.505	2.040	1.420	1.110
	割管刀片	片	1.200	1.200	1.200	1.200
机械	电动单筒慢速卷扬机 10kN	台班	0.120	0.120	0.120	0.120

计量单位：10 个

编　号			12-10-259	12-10-260	12-10-261	12-10-262	12-10-263
项　目			阀门				
			DN50 以下	DN125 以下	DN200 以下	DN400 以下	DN400 以上
名　称		单位	消　耗　量				
人工	合计工日	工日	0.866	1.885	5.181	10.622	13.330
	其中 普工	工日	0.253	0.550	1.512	3.100	3.890
	一般技工	工日	0.520	1.133	3.113	6.382	8.010
	高级技工	工日	0.093	0.202	0.556	1.140	1.430
材料	铝箔离心玻璃棉板	m³	（0.030）	（0.110）	（0.320）	（0.910）	（2.520）
	铝箔胶带（45mm 卷）	卷	0.430	0.540	0.600	0.750	1.550
	镀锌铁丝 φ2.5～1.4	kg	0.200	0.500	1.130	3.030	8.950
	割管刀片	片	0.500	0.500	0.500	0.500	0.500
机械	电动单筒慢速卷扬机 10kN	台班	0.010	0.010	0.010	0.010	0.010

计量单位：10 个

编　号			12-10-264	12-10-265	12-10-266	12-10-267	12-10-268
项　目			法兰				
			DN50 以下	DN125 以下	DN200 以下	DN400 以下	DN400 以上
名　称		单位	消　耗　量				
人工	合计工日	工日	0.428	1.913	2.063	3.424	4.419
	其中 普工	工日	0.125	0.558	0.602	0.999	1.290
	一般技工	工日	0.257	1.150	1.240	2.058	2.655
	高级技工	工日	0.046	0.205	0.221	0.367	0.474
材料	铝箔离心玻璃棉板	m³	（0.020）	（0.080）	（0.160）	（0.410）	（1.440）
	铝箔胶带（45mm 卷）	卷	0.400	0.480	0.530	0.690	1.380
	镀锌铁丝 φ2.5～1.4	kg	0.280	0.720	0.950	1.620	5.100
	割管刀片	片	0.500	0.500	0.500	0.500	0.500
机械	电动单筒慢速卷扬机 10kN	台班	0.010	0.010	0.010	0.010	0.010

工作内容：运料、拆包、裁料、粘钉、安装、贴缝、修理找平。 计量单位：m³

	编　号		12-10-269	12-10-270	12-10-271
	项　目		通风管道（厚度　mm）		
			30	40	50
	名　称	单位	消　耗　量		
人工	合计工日	工日	2.349	1.839	1.485
	其中 普工	工日	0.686	0.537	0.434
	一般技工	工日	1.411	1.105	0.892
	高级技工	工日	0.252	0.197	0.159
材料	铝箔离心玻璃棉板	m³	（1.030）	（1.030）	（1.030）
	铝箔胶带（45mm 卷）	卷	3.480	2.610	2.090
	塑料保温钉	套	560.000	420.000	336.000
	氯丁胶 XY401、88#胶	kg	0.530	0.400	0.320
	割管刀片	片	2.000	2.000	2.000
机械	电动单筒慢速卷扬机 10kN	台班	0.120	0.120	0.120

十、橡塑管壳安装（管道）

工作内容：运料、下料、安装、贴缝、修理找平。 计量单位：m³

	编　号		12-10-272	12-10-273	12-10-274
	项　目		管道		
			DN50 以下	DN80 以下	DN125 以下
	名　称	单位	消　耗　量		
人工	合计工日	工日	5.011	3.670	3.166
	其中 普工	工日	1.462	1.071	0.924
	一般技工	工日	3.011	2.205	1.902
	高级技工	工日	0.538	0.394	0.340
材料	橡塑管壳	m³	（1.030）	（1.030）	（1.030）
	铝箔胶带（45mm 卷）	卷	6.050	3.850	2.920
	贴缝胶带 9m	卷	4.250	3.250	2.180
	割管刀片	片	1.600	1.600	1.600

十一、橡塑板安装（管道、风管、阀门、法兰）

工作内容： 运料、下料、安装、涂胶、贴缝、修理找平。　　　　　　　　　　　　　　**计量单位：** m³

编　　号			12-10-275	12-10-276	12-10-277	12-10-278	12-10-279
项　　目			管道				
			DN125 以下	DN200 以下	DN300 以下	DN400 以下	DN500 以下
名　　称		单位	消　耗　量				
人工	合计工日		工日	3.664	3.166	2.676	2.328	1.839
	其中	普工	工日	1.070	0.924	0.781	0.679	0.537
		一般技工	工日	2.201	1.902	1.608	1.399	1.105
		高级技工	工日	0.393	0.340	0.287	0.250	0.197
材料	橡塑板		m³	（1.030）	（1.030）	（1.030）	（1.030）	（1.030）
	胶黏剂		kg	6.280	6.100	5.880	5.700	5.500
	贴缝胶带 9m		卷	7.250	5.780	4.250	3.750	3.250
	割管刀片		片	1.600	1.600	1.600	1.600	1.600

计量单位： m³

编　　号			12-10-280	12-10-281	12-10-282	12-10-283	12-10-284	12-10-285
项　　目			风管（厚度 mm）					
			10	15	20	25	32	40
名　　称		单位	消　耗　量					
人工	合计工日		工日	9.178	6.107	5.359	4.698	3.881	2.962
	其中	普工	工日	2.678	1.782	1.564	1.371	1.133	0.864
		一般技工	工日	5.515	3.670	3.220	2.823	2.332	1.780
		高级技工	工日	0.985	0.655	0.575	0.504	0.416	0.318
材料	橡塑板		m³	（1.080）	（1.080）	（1.080）	（1.080）	（1.080）	（1.080）
	胶黏剂		kg	17.580	11.760	8.650	6.780	5.290	4.150
	贴缝胶带 9m		卷	5.150	3.310	2.580	2.050	1.530	1.230
	割管刀片		片	2.600	2.600	2.600	2.600	2.600	2.600

计量单位：10 个

编　号			12-10-286	12-10-287	12-10-288	12-10-289	12-10-290
项　目			阀门				
			DN50 以下	DN125 以下	DN200 以下	DN300 以下	DN400 以下
名　称		单位	消　耗　量				
人工	合计工日	工日	0.817	1.783	4.698	7.354	9.690
	其中　普工	工日	0.238	0.521	1.371	2.146	2.828
	一般技工	工日	0.491	1.071	2.823	4.419	5.822
	高级技工	工日	0.088	0.191	0.504	0.789	1.040
材料	橡塑板	m³	（0.030）	（0.110）	（0.350）	（0.640）	（0.760）
	胶黏剂	kg	0.380	1.080	2.850	5.220	6.190
	贴缝胶带 9m	卷	0.540	0.840	1.140	1.410	1.600
	割管刀片	片	0.500	0.500	0.500	0.500	0.500

工作内容：运料、搅拌均匀、涂抹安装、找平压光。

计量单位：10 个

编　号			12-10-291	12-10-292	12-10-293	12-10-294	12-10-295
项　目			法兰				
			DN50 以下	DN125 以下	DN200 以下	DN300 以下	DN400 以下
名　称		单位	消　耗　量				
人工	合计工日	工日	0.308	1.771	1.974	2.464	3.269
	其中　普工	工日	0.090	0.517	0.576	0.719	0.954
	一般技工	工日	0.185	1.064	1.186	1.481	1.964
	高级技工	工日	0.033	0.190	0.212	0.264	0.351
材料	橡塑板	m³	（0.020）	（0.080）	（0.140）	（0.260）	（0.350）
	胶黏剂	kg	0.240	0.780	1.140	2.120	2.850
	贴缝胶带 9m	卷	0.400	0.620	0.840	1.050	1.180
	割管刀片	片	0.500	0.500	0.500	0.500	0.500

十二、硬质聚苯乙烯泡沫板（风管）

工作内容：运料、裁料、安装、捆扎、抹缝、修理找平。

计量单位：m³

编　号				12-10-296
项　目				通风管道
				方、矩形
名　称			单位	消 耗 量
人工	合计工日		工日	4.314
	其中	普工	工日	1.259
		一般技工	工日	2.592
		高级技工	工日	0.463
材料	聚苯乙烯泡沫板 1 000×150×50		m³	（1.200）
	钢板（综合）		kg	4.000
	电阻丝		根	0.100
	割管刀片		片	0.500
	石膏粉特制		kg	6.000
	白漆		kg	3.000
	醋酸酊酯		kg	0.500
	铁皮箍		kg	3.000

十三、绝热绳安装

工作内容：1. 运料、缠绕安装、捆扎铁线、修理整平。

2. 运料、涂抹、检查。

计量单位：m³

编　号				12-10-297	12-10-298
项　目				DN50 以下	
				复合硅酸铝绳安装	涂抹 A884 耐磨黏接剂
名　称			单位	消 耗 量	
人工	合计工日		工日	7.672	1.553
	其中	普工	工日	2.608	0.453
		一般技工	工日	4.296	0.933
		高级技工	工日	0.768	0.167
材料	绝热绳		m³	（1.060）	—
	镀锌铁丝 φ1.6～1.2		kg	2.300	—
	A884 粘接剂		kg	—	6.500
机械	电动单筒慢速卷扬机 10kN		台班	0.120	—

十四、防潮层安装

工作内容：卷布、缠布安装、绑扎铁线。

计量单位：10m²

编 号		12-10-299	12-10-300	12-10-301	12-10-302
项 目		玻璃丝布		铁丝网	
		管道	设备	管道	设备
名 称	单位	消 耗 量			
人工 合计工日	工日	0.320	0.280	0.839	0.641
其中 普工	工日	0.094	0.082	0.245	0.187
一般技工	工日	0.192	0.168	0.504	0.385
高级技工	工日	0.034	0.030	0.090	0.069
材料 玻璃丝布 δ0.5	m²	（14.000）	（14.000）	—	—
镀锌铁丝 φ1.6~1.2	kg	0.030	0.030	—	—
镀锌铁丝网 φ10×10×0.9	m²	—	—	（12.000）	（11.500）
镀锌铁丝 φ2.5~1.4	kg	—	—	0.500	0.500

工作内容：运料、下料、安装、上螺钉、粘缝。

计量单位：10m²

编 号		12-10-303	12-10-304	12-10-305
项 目		铝箔-复合玻璃钢		铝箔
		管道	设备	管道
名 称	单位	消 耗 量		
人工 合计工日	工日	1.553	1.417	0.960
其中 普工	工日	0.453	0.414	0.280
一般技工	工日	0.933	0.851	0.577
高级技工	工日	0.167	0.152	0.103
材料 铝箔复合玻璃钢	m²	（12.000）	（12.000）	—
镀锌铁丝 φ2.5~1.4	kg	—	—	0.030
镀锌自攻螺钉 ST（4~6）×（20~35）	10个	21.000	18.000	—
胶黏剂	kg	1.800	1.800	—
铝箔	m²	—	—	14.000

计量单位: 10m²

编　　号			12-10-306	12-10-307	12-10-308	12-10-309
项　目			0.3mm CPU 防水卷材		0.6mm CPU 防水卷材	
			管道	设备	管道	设备
名　　称		单位	消　耗　量			
人工	合计工日	工日	0.833	0.785	0.999	0.833
	其中 普工	工日	0.244	0.229	0.292	0.243
	一般技工	工日	0.500	0.472	0.600	0.501
	高级技工	工日	0.089	0.084	0.107	0.089
材料	0.3mm CUP 防水卷材	m²	（14.000）	（14.000）	—	—
	0.6mm CUP 防水卷材	m²	—	—	（14.000）	（14.000）
	胶黏剂 502	kg	0.650	0.650	0.780	0.780

工作内容: 运料、搅拌、刮涂、找平。

计量单位: 10m²

编　　号			12-10-310	12-10-311	12-10-312
项　目			沥青玛琋脂（5mm 以内）		
			玻璃布面	金属网面	保冷层面
名　　称		单位	消　耗　量		
人工	合计工日	工日	2.179	2.113	1.974
	其中 普工	工日	0.636	0.617	0.576
	一般技工	工日	1.309	1.269	1.186
	高级技工	工日	0.234	0.227	0.212
材料	石油沥青玛琋脂（多组分）	kg	（62.040）	（62.040）	（62.040）
	橡胶手套	付	1.000	1.000	1.000

计量单位：10m²

编　号			12-10-313	12-10-314	12-10-315	12-10-316	12-10-317	12-10-318
项　目			沥青玛瑅脂（mm 以内）					
			8			10		
			玻璃布面	金属网面	保冷层面	玻璃布面	金属网面	保冷层面
名　称		单位	消　耗　量					
人工	合计工日	工日	2.396	2.322	2.266	2.453	2.309	2.375
	其中 普工	工日	0.699	0.678	0.662	0.716	0.674	0.693
	一般技工	工日	1.440	1.395	1.361	1.474	1.387	1.427
	高级技工	工日	0.257	0.249	0.243	0.263	0.248	0.255
材料	石油沥青玛瑅脂（多组分）	kg	（99.260）	（99.260）	（99.260）	（124.080）	（124.080）	（124.080）
	橡胶手套	付	1.500	1.500	1.500	2.000	2.000	2.000

工作内容： 运料、填料干燥、配料、缠绕玻璃丝布、刷涂 TO 树脂。

计量单位：10m²

编　号			12-10-319	12-10-320	12-10-321	12-10-322	12-10-323
项　目			TO 树脂玻璃钢管道				
			一布二油	两布二油	两布三油	三布四油	四布五油
名　称		单位	消　耗　量				
人工	合计工日	工日	5.584	6.141	6.535	6.998	8.306
	其中 普工	工日	1.630	1.792	1.907	2.042	2.424
	一般技工	工日	3.355	3.690	3.927	4.205	4.991
	高级技工	工日	0.599	0.659	0.701	0.751	0.891
材料	树脂漆 TO	kg	（10.500）	（11.000）	（15.750）	（21.000）	（26.250）
	TO 固化剂	kg	（1.050）	（1.100）	（1.580）	（2.100）	（2.630）
	氧化铁红	kg	1.050	1.100	1.580	2.100	2.630
	动力苯	kg	1.580	1.650	2.360	3.150	3.940
	轻质碳酸钙	kg	3.680	3.850	5.510	7.350	9.190
	玻璃丝布	m²	（14.000）	（27.000）	（27.000）	（40.500）	（54.000）
	毛刷	把	1.250	2.379	2.748	4.373	6.215
机械	涡浆式混凝土搅拌机 500L	台班	0.050	0.060	0.070	0.080	0.100

十五、保护层安装

工作内容: 运料、和灰、抹灰、压光。

计量单位:10m²

编　号				12-10-324	12-10-325	12-10-326	12-10-327	12-10-328
项　目				抹面保护层管道(厚度 mm)				
				10	20	30	40	50
名　称			单位	消 耗 量				
人工	合计工日		工日	0.960	1.830	2.357	3.261	3.629
	其中	普工	工日	0.280	0.534	0.688	0.952	1.059
		一般技工	工日	0.577	1.100	1.416	1.959	2.181
		高级技工	工日	0.103	0.196	0.253	0.350	0.389
材料	抹面材料		m³	(0.110)	(0.220)	(0.320)	(0.430)	(0.540)
	水		t	0.100	0.200	0.300	0.400	0.500
机械	涡浆式混凝土搅拌机 500L		台班	0.010	0.020	0.030	0.040	0.050

计量单位:10m²

编　号				12-10-329	12-10-330	12-10-331	12-10-332	12-10-333
项　目				抹面保护层设备(厚度 mm)				
				10	20	30	40	50
名　称			单位	消 耗 量				
人工	合计工日		工日	0.687	0.898	1.220	1.668	1.987
	其中	普工	工日	0.191	0.262	0.356	0.487	0.580
		一般技工	工日	0.426	0.540	0.733	1.002	1.194
		高级技工	工日	0.070	0.096	0.131	0.179	0.213
材料	抹面材料		m³	(0.110)	(0.220)	(0.320)	(0.430)	(0.540)
	水		t	0.100	0.200	0.300	0.400	0.500
机械	涡浆式混凝土搅拌机 500L		台班	0.010	0.020	0.030	0.040	0.050

工作内容: 运料、剪切、卷板、起鼓、安装、上螺钉。

计量单位:10m²

编 号			12-10-334	12-10-335	12-10-336	12-10-337	12-10-338	12-10-339
项 目			金属薄板钉口安装			金属薄板挂口安装		
			管道	一般设备	球形设备	管道	一般设备	球形设备
名 称		单位	消 耗 量					
人工	合计工日	工日	1.675	1.628	3.800	3.609	3.460	4.284
	其中 普工	工日	0.489	0.475	1.109	1.054	1.010	1.250
	一般技工	工日	1.006	0.978	2.283	2.168	2.079	2.574
	高级技工	工日	0.180	0.175	0.408	0.387	0.371	0.460
材料	镀锌薄钢板 δ0.5	m²	(12.000)	(12.000)	(13.500)	(12.500)	(12.500)	(13.500)
	镀锌自攻螺钉 ST(4~6)×(20~35)	10个	17.400	17.200	12.200	6.000	6.000	—
机械	电动单筒慢速卷扬机 10kN	台班	0.170	0.170	0.170	0.170	0.170	0.170
	剪板机 20×2 500(安装用)	台班	0.120	0.100	0.050	0.120	0.120	0.120
	压鼓机	台班	0.040	0.040	0.100	—	—	—
	咬口机 1.5mm	台班	—	—	—	0.150	0.130	0.150

工作内容: 1. 运料、涂抹。

2. 运料、钻孔、锚固。

3. 运料、下料、上带、打包、紧箍。

计量单位:10m²

编 号			12-10-340	12-10-341	12-10-342
项 目			铁皮保护层		
			涂抹密封胶	铆钉固定	钢带安装
名 称		单位	消 耗 量		
人工	合计工日	工日	0.449	0.272	0.987
	其中 普工	工日	0.131	0.079	0.288
	一般技工	工日	0.270	0.164	0.593
	高级技工	工日	0.048	0.029	0.106
材料	密封胶	kg	(0.650)	—	—
	钢带 20×0.5	m	—	—	(38.000)
	铆钉(综合)	10个	—	5.500	—

十六、金属保温盒、托盘、钩钉制作与安装、金属压型板、冷粘胶带保护层

工作内容: 运料、下料、制作、安装。

编　号			12-10-343	12-10-344	12-10-345	12-10-346
项　目			托盘制作与安装	钩钉制作与安装	普通钢板盒制作与安装	
					阀门	人孔
			100kg		10m²	
名　称		单位	消　耗　量			
人工	合计工日		工日	3.718	17.921	10.288	9.818
	其中	普工	工日	1.085	5.230	3.002	2.866
		一般技工	工日	2.234	10.768	6.182	5.899
		高级技工	工日	0.399	1.923	1.104	1.053
材料	热轧薄钢板 δ1.0~1.5		kg	（115.000）	—	（94.200）	（90.130）
	镀锌圆钢 φ5.5~9.0		kg	—	105.000	2.500	2.500
	氧气		m³	3.550	—	1.000	1.000
	乙炔气		kg	1.210	—	0.320	0.320
	低碳钢焊条 J422 φ3.2		kg	1.000	14.300	—	—
	扁钢 59 以内		kg	—	—	11.000	11.000
机械	交流弧焊机 21kV·A		台班	0.660	7.190	—	—
	钢筋切断机 40mm		台班	—	2.850	0.010	—
	压鼓机		台班	—	—	—	0.080
	咬口机 1.5mm		台班	—	—	—	0.080

计量单位:10m²

编 号			12-10-347	12-10-348	12-10-349	12-10-350
项 目			镀锌铁皮盒制作与安装			金属铁皮制作压型板
			阀门	人孔	法兰	
名 称		单位	消 耗 量			
人工	合计工日	工日	6.590	5.378	6.005	0.177
	其中 普工	工日	1.923	1.570	1.753	0.052
	一般技工	工日	3.960	3.231	3.608	0.106
	高级技工	工日	0.707	0.577	0.644	0.019
材料	镀锌薄钢板 δ0.5	m²	(13.600)	(13.500)	(13.500)	(11.200)
机械	压鼓机	台班	0.080	0.080	0.060	—
	咬口机 1.5mm	台班	0.080	0.080	0.060	—
	卷板机 20×2 500(安装用)	台班	—	0.080	0.060	—
	电动空气压缩机 10m³/min	台班	—	—	—	0.050

计量单位：10m²

编　号		12-10-351	12-10-352	12-10-353
项　目		金属压型板（大型储罐）		冷缠胶带保护层
		轻型	重型	
名　称	单位	消　耗　量		
人工 合计工日	工日	4.183	5.134	0.784
其中 普工	工日	1.221	1.498	0.229
其中 一般技工	工日	2.513	3.085	0.471
其中 高级技工	工日	0.449	0.551	0.084
材料 镀锌薄钢板波纹瓦	m²	（12.000）	（12.000）	—
冷缠胶带	m²	—	—	（14.000）
圆钢 φ10~14	kg	—	0.500	—
防水密封胶	kg	—	0.300	—
铁铆钉	kg	0.010	—	—
镀锌铆钉 M4	kg	0.040	0.062	—
扁钢（综合）	kg	15.072	22.608	—
槽钢（综合）	kg	—	10.000	—
低碳钢焊条 J422 φ3.2	kg	1.300	2.000	—
专用稀释剂	kg	0.500	1.000	—
无缝钢管 D32×3.5	kg	—	0.500	—
氧气	m³	0.750	1.200	—
钢板 δ4.5~8.0	kg	—	24.000	—
乙炔气	kg	0.285	0.456	—
机械 交流弧焊机 21kV·A	台班	0.200	0.300	—
立式钻床 25mm	台班	0.150	0.250	—

十七、防 火 涂 料

1. 设 备

工作内容: 运料、搅拌均匀、喷涂、清理。

计量单位:10m²

编　号			12-10-354	12-10-355	12-10-356	12-10-357	12-10-358
项　目			厚型防火涂料(mm 以内)				
			10	15	20	25	30
名　称		单位	消耗量				
人工	合计工日	工日	0.921	1.256	1.676	2.095	2.512
	其中 普工	工日	0.269	0.366	0.489	0.611	0.733
	一般技工	工日	0.553	0.755	1.007	1.259	1.509
	高级技工	工日	0.099	0.135	0.180	0.225	0.270
材料	厚型防火涂料	kg	(61.770)	(84.210)	(112.270)	(140.320)	(168.370)
	零星卡具	kg	2.340	3.900	5.580	7.250	8.920
机械	涡浆式混凝土搅拌机 250L	台班	0.010	0.020	0.026	0.030	0.034
	电动空气压缩机 3m³/min	台班	0.604	0.823	1.098	1.373	1.646

2. 管 道

工作内容: 运料、搅拌均匀、喷涂、清理。

计量单位:10m²

编　号			12-10-359	12-10-360	12-10-361	12-10-362	12-10-363
项　目			厚型防火涂料(mm 以内)				
			10	15	20	25	30
名　称		单位	消耗量				
人工	合计工日	工日	0.977	1.358	1.809	2.262	2.713
	其中 普工	工日	0.285	0.396	0.528	0.660	0.792
	一般技工	工日	0.587	0.816	1.087	1.359	1.630
	高级技工	工日	0.105	0.146	0.194	0.243	0.291
材料	厚型防火涂料	kg	(64.241)	(87.578)	(116.761)	(145.933)	(175.105)
	零星卡具	kg	2.380	3.710	5.280	6.880	8.480
机械	涡浆式混凝土搅拌机 250L	台班	0.010	0.021	0.028	0.031	0.037
	电动空气压缩机 3m³/min	台班	0.628	0.856	1.142	1.428	1.712

3. 一般钢结构

工作内容：运料、搅拌均匀、(刷)喷涂、清理。　　　　　　　　　　　　　　　　计量单位：100kg

编　号			12-10-364	12-10-365	12-10-366	12-10-367	12-10-368
项　目			超薄型防火涂料（mm 以内）				
			0.5	1.0	1.5	2.0	2.5
名　称		单位	消　耗　量				
人工	合计工日		工日	0.161	0.196	0.336	0.423	0.511
	其中	普工	工日	0.047	0.057	0.098	0.124	0.149
		一般技工	工日	0.097	0.118	0.202	0.254	0.307
		高级技工	工日	0.017	0.021	0.036	0.045	0.055
材料	超薄型防火涂料		kg	（2.474）	（4.861）	（7.265）	（9.675）	（12.079）
	零星卡具		kg	0.390	0.780	1.160	1.130	1.940
机械	电动空气压缩机 3m³/min		台班	0.009	0.019	0.024	0.037	0.047

　　　　　　　　　　　　　　　　　　　　　　　　　　　　　　　　　　　　　计量单位：100kg

编　号			12-10-369	12-10-370	12-10-371
项　目			薄型防火涂料（mm 以内）		
			3	5	7
名　称		单位	消　耗　量		
人工	合计工日		工日	0.205	0.323	0.442
	其中	普工	工日	0.060	0.094	0.129
		一般技工	工日	0.123	0.194	0.266
		高级技工	工日	0.022	0.035	0.047
材料	薄型防火涂料		kg	（11.890）	（19.796）	（27.696）
	零星卡具		kg	0.820	1.370	1.810
机械	电动空气压缩机 3m³/min		台班	0.070	0.117	0.163

4. 管廊钢结构

工作内容： 运料、搅拌均匀、（刷）喷涂、清理。　　　　　　　　　　　　　　　　　　　　计量单位：100kg

编　号			12-10-372	12-10-373	12-10-374	12-10-375	12-10-376
项　目			超薄型防火涂料（mm 以内）				
			0.5	1.0	1.5	2.0	2.5
名　称		单位	消　耗　量				
人工	合计工日	工日	0.123	0.189	0.257	0.323	0.391
	其中 普工	工日	0.036	0.055	0.075	0.094	0.114
	一般技工	工日	0.074	0.114	0.154	0.194	0.235
	高级技工	工日	0.013	0.020	0.028	0.035	0.042
材料	超薄型防火涂料	kg	（1.843）	（3.647）	（5.450）	（7.257）	（8.998）
	零星卡具	kg	0.320	0.620	0.920	1.230	1.540
机械	电动空气压缩机 3m³/min	台班	0.006	0.012	0.018	0.024	0.030

计量单位：100kg

编　号			12-10-377	12-10-378	12-10-379
项　目			薄型防火涂料（mm 以内）		
			3	5	7
名　称		单位	消　耗　量		
人工	合计工日	工日	0.166	0.261	0.359
	其中 普工	工日	0.048	0.076	0.105
	一般技工	工日	0.100	0.157	0.216
	高级技工	工日	0.018	0.028	0.038
材料	薄型防火涂料	kg	（8.919）	（14.848）	（20.775）
	零星卡具	kg	0.680	1.040	1.390
机械	电动空气压缩机 3m³/min	台班	0.045	0.074	0.104

计量单位：100kg

编　　号				12-10-380	12-10-381	12-10-382	12-10-383	12-10-384
项　　目				厚型防火涂料（mm 以内）				
				10	15	20	25	30
名　　称			单位	消　耗　量				
人工	合计工日		工日	0.369	0.504	0.672	0.840	1.008
	其中	普工	工日	0.108	0.147	0.196	0.245	0.294
		一般技工	工日	0.222	0.303	0.404	0.505	0.606
		高级技工	工日	0.039	0.054	0.072	0.090	0.108
材料	厚型防火涂料		kg	（24.781）	（33.784）	（45.041）	（56.295）	（67.549）
	零星卡具		kg	0.790	1.240	1.750	2.280	2.870
机械	涡浆式混凝土搅拌机 250L		台班	0.004	0.008	0.011	0.012	0.013
	电动空气压缩机 3m³/min		台班	0.242	0.330	0.441	0.551	0.661

5. 大型型钢钢结构

工作内容：运料、搅拌均匀、（刷）喷涂、清理。

计量单位：10m²

编　　号				12-10-385	12-10-386	12-10-387	12-10-388	12-10-389
项　　目				超薄型防火涂料（mm 以内）				
				0.5	1.0	1.5	2.0	2.5
名　　称			单位	消　耗　量				
人工	合计工日		工日	0.323	0.496	0.671	0.845	1.022
	其中	普工	工日	0.094	0.145	0.196	0.246	0.298
		一般技工	工日	0.194	0.298	0.403	0.508	0.614
		高级技工	工日	0.035	0.053	0.072	0.091	0.110
材料	超薄型防火涂料		kg	（4.915）	（9.725）	（14.530）	（19.350）	（24.160）
	零星卡具		kg	0.790	1.570	2.360	3.140	3.930
机械	电动空气压缩机 3m³/min		台班	0.019	0.038	0.058	0.077	0.094

计量单位：10m²

编　号			12-10-390	12-10-391	12-10-392
项　目			薄型防火涂料（mm 以内）		
			3	5	7
名　称		单位	消　耗　量		
人工	合计工日	工日	0.408	0.645	0.886
	其中 普工	工日	0.119	0.188	0.258
	一般技工	工日	0.245	0.388	0.533
	高级技工	工日	0.044	0.069	0.095
材料	薄型防火涂料	kg	（23.309）	（38.803）	（54.292）
	零星卡具	kg	1.730	2.640	3.540
机械	电动空气压缩机 3m³/min	台班	0.117	0.192	0.270

工作内容：运料、搅拌均匀、喷涂、清理。　　　　　　　　　　　　　　　计量单位：10m²

编　号			12-10-393	12-10-394	12-10-395	12-10-396	12-10-397	12-10-398
项　目			厚型防火涂料（mm 以内）					防火涂料
			10	15	20	25	30	防水剂
								两遍
名　称		单位	消　耗　量					
人工	合计工日	工日	0.966	1.320	1.758	2.200	2.638	1.447
	其中 普工	工日	0.282	0.385	0.513	0.642	0.770	0.422
	一般技工	工日	0.580	0.793	1.056	1.322	1.585	0.870
	高级技工	工日	0.104	0.142	0.189	0.236	0.283	0.155
材料	厚型防火涂料	kg	（64.860）	（88.420）	（117.885）	（147.335）	（176.790）	—
	零星卡具	kg	2.190	3.420	4.790	6.220	7.850	—
	防水剂	kg	—	—	—	—	—	（3.200）
机械	涡浆式混凝土搅拌机 250L	台班	0.010	0.020	0.260	0.030	0.340	—
	电动空气压缩机 3m³/min	台班	0.530	0.720	0.960	1.200	1.440	—

6.防 火 土

工作内容: 运料、拌料、和灰、涂抹、找平、压光。 计量单位: 10m²

编 号			12-10-399	12-10-400	12-10-401	12-10-402	12-10-403	12-10-404
项 目			涂抹防火土(厚度 mm)					
			10	15	20	30	40	50
名 称		单位	消 耗 量					
人工	合计工日	工日	0.811	1.048	1.614	2.404	3.187	3.424
	其中 普工	工日	0.237	0.306	0.471	0.702	0.930	0.999
	一般技工	工日	0.487	0.630	0.970	1.444	1.915	2.058
	高级技工	工日	0.087	0.112	0.173	0.258	0.342	0.367
材料	水泥 32.5	kg	(28.600)	(42.900)	(57.200)	(85.800)	(114.400)	(143.000)
	厚型防火涂料	kg	(88.400)	(132.600)	(170.800)	(265.200)	(352.600)	(442.000)
	水	t	0.100	0.150	0.200	0.300	0.400	0.500
机械	涡浆式混凝土搅拌机 500L	台班	0.010	0.020	0.020	0.030	0.040	0.050

附　　录

一、表面防腐蚀涂层厚度表

表面防腐蚀涂层厚度表

序号	涂层名称	底层		中间层		面层	
		涂料名称	每一遍干膜厚度（μm）	涂料名称	干膜厚度（μm）	涂料名称	每一遍干膜厚度（μm）
1	氯化橡胶涂层	氯化橡胶底涂料	30			氯化橡胶面涂料	30
2	氯磺化聚乙烯涂层	氯磺化聚乙烯底涂料	30			氯磺化聚乙烯面涂料	30
3	聚氨酯涂层	聚氨酯底涂料	30			聚氨酯面涂料	35
4	丙烯酸聚氨酯涂层	丙烯酸聚氨酯底涂料	30			丙烯酸聚氨酯面涂料	30
5	环氧涂层	环氧铁红底涂料	30	环氧云铁中间涂料	40	环氧面涂料	30
6		环氧富锌底涂料	35				
7	丙烯酸环氧涂层	丙烯酸环氧底涂料	30			丙烯酸环氧面涂料	30
8	乙烯基酯（鳞片）涂层	乙烯基酯（鳞片）底涂料	35			乙烯基酯（鳞片）面涂料	80
9	醇酸涂层	醇酸底涂料	30			醇酸面涂料	30
10	丙烯酸涂层	丙烯酸底涂料	30			丙烯酸面涂料	30

二、常用涂料用量表

常用涂料用量表

类别	单位	涂料名称											
		醇酸防锈涂料	酚醛防锈涂料	带锈底涂料	厚涂料	酚醛调和涂料	酚醛磁涂料	酚醛耐酸涂料	煤焦油沥青涂料	醇酸磁涂料	醇酸清涂料	银粉涂料	煤焦油
管道	10m²	1.385	1.215	0.740	0.785	0.990	0.955	0.690	2.675	1.160	0.990	0.650	—
设备及矩形管道	10m²	1.425	1.253	0.759	0.776	1.020	0.931	0.708	2.579	1.196	1.020	0.648	—
一般钢结构	100kg	1.055	0.850	0.540	0.555	0.750	0.700	0.525	1.865	0.870	0.745	0.310	—
管廊钢结构	100kg	0.680	0.549	0.349	0.357	0.485	0.455	0.341	1.199	0.561	0.481	0.205	—
大型型钢钢结构	10m²	1.316	1.156	0.704	0.765	0.999	0.909	0.714	2.529	1.174	0.999	0.304	—
铸铁管、暖气片	10m²	—	1.050	0.920	—	—	—	—	2.810	—	—	0.510	—
设备灰面	10m²	—	—	—	0.931	1.232	—	—	3.126	—	—	0.525	3.053
管道灰面	10m²	—	—	—	0.945	1.195	—	—	3.235	—	—	0.560	2.970
设备玻璃布面、白布面	10m²	—	—	—	1.295	1.716	—	—	4.374	—	—	0.734	4.550
管道玻璃布面、白布面	10m²	—	—	—	1.335	1.675	—	—	4.525	—	—	0.775	4.445
设备麻布面、石棉布面	10m²	—	—	—	1.212	1.602	—	—	4.082	—	—	0.676	4.280
管道麻布面、石棉布面	10m²	—	—	—	1.245	1.565	—	—	4.225	—	—	0.700	4.240
气柜水槽壁内外板	10m²	1.503	—	—	—	1.020	—	—	—	—	—	—	—
气柜中罩踏内外壁	10m²	1.503	—	—	—	—	—	—	2.579	—	—	—	—
气柜顶盖内壁	10m²	1.503	—	—	—	—	—	—	2.793	—	—	—	—
气柜顶盖外壁、罐底	10m²	—	—	—	—	1.020	—	—	—	—	—	—	—
玛琦脂面	10m²	—	—	—	—	1.565	—	—	—	—	—	0.715	—
喷涂 管道	10m²	—	1.500	—	—	—	—	—	—	—	—	0.510	—
喷涂 设备	10m²	—	—	—	—	1.210	—	—	—	—	—	—	—
喷涂 一般钢结构	100kg	—	0.870	—	—	0.700	—	—	—	—	—	0.300	—
喷涂 管廊钢结构	100kg	—	0.561	—	—	0.451	—	—	—	—	—	0.187	—
喷涂 大型型钢钢结构	10m²	—	1.093	—	—	0.880	—	—	—	—	—	0.370	—

注：喷涂稀释剂用量按照涂料含量的 12%，滚涂稀释剂用量按照涂料含量的 10% 记取。

三、钢管刷油、防腐蚀、绝热工程量计算表

钢管刷油、防腐蚀、绝热工程量计算表

公称直径（mm）	管道外径（mm）	绝热层厚度（mm）										
		0		20		25		30		35		40	
		体积（m³）	面积（m²/100m）	体积（m³）	面积（m²/100m）	体积（m³）	面积（m²/100m）	体积（m³）	面积（m²/100m）	体积（m³）	面积（m²/100m）	体积（m³）	面积（m²/100m）
6	10.2	—	3.20	0.199	16.40	0.291	19.70	0.399	23.00	0.524	26.29	0.665	29.59
8	13.5	—	4.24	0.221	17.44	0.318	20.73	0.431	24.03	0.561	27.33	0.708	30.63
10	17.2	—	5.40	0.245	18.60	0.347	21.90	0.467	25.19	0.603	28.49	0.756	31.79
15	21.3	—	6.69	0.271	19.89	0.381	23.18	0.507	26.48	0.649	29.78	0.809	33.08
20	26.9	—	8.45	0.307	21.64	0.426	24.94	0.561	28.24	0.713	31.54	0.881	34.84
25	33.7	—	10.59	0.351	23.78	0.481	27.08	0.627	30.38	0.790	33.68	0.969	36.98
32	42.4	—	13.32	0.408	26.51	0.551	29.81	0.712	33.11	0.888	36.41	1.082	39.71
40	48.3	—	15.17	0.446	28.37	0.599	31.67	0.769	34.96	0.955	38.26	1.158	41.56
50	60.3	—	18.94	0.524	32.14	0.696	35.44	0.885	38.73	1.091	42.03	1.314	45.33
65	76.1	—	23.91	0.626	37.10	0.824	40.40	1.039	43.70	1.270	47.00	1.518	50.30
80	88.9	—	27.93	0.709	41.12	0.927	44.42	1.163	47.72	1.415	51.02	1.684	54.32
100	114.3	—	35.91	0.873	49.10	1.133	52.40	1.409	55.70	1.703	59.00	2.013	62.30
125	139.7	—	43.89	1.037	57.08	1.338	60.38	1.656	63.68	1.990	66.98	2.341	70.28
150	168.3	—	52.87	1.222	66.07	1.570	69.36	1.934	72.66	2.314	75.96	2.712	79.26
200	219.1	—	68.83	1.551	82.02	1.981	85.32	2.427	88.62	2.890	91.92	3.369	95.22
250	273.0	—	85.76	1.900	98.96	2.417	102.26	2.950	105.55	3.500	108.85	4.067	112.15
300	323.9	—	101.75	2.229	114.95	2.828	118.25	3.444	121.54	4.076	124.84	4.725	128.14
350	355.6	—	111.71	2.435	124.91	3.085	128.20	3.752	131.50	4.435	134.80	5.136	138.10
400	406.4	—	127.67	2.763	140.86	3.496	144.16	4.245	147.46	5.011	150.76	5.793	154.06
450	457.0	—	143.57	3.091	156.76	3.905	160.06	4.736	163.36	5.584	166.66	6.448	169.96
500	508.0	—	159.59	3.421	172.78	4.318	176.08	5.231	179.38	6.161	182.68	7.108	185.98
550	559.0	—	175.61	3.751	188.80	4.730	192.10	5.726	195.40	6.739	198.70	7.768	202.00
600	610.0	—	191.63	4.081	204.83	5.143	208.12	6.221	211.42	7.317	214.72	8.428	218.02
650	660.0	—	207.34	4.404	220.53	5.547	223.83	6.707	227.13	7.883	230.43	9.076	233.73
700	711.0	—	223.36	4.735	236.55	5.960	239.85	7.202	243.15	8.460	246.45	9.736	249.75
750	762.0	—	239.38	5.065	252.58	6.372	255.88	7.697	259.17	9.038	262.47	10.396	265.77
800	813.0	—	255.40	5.395	268.60	6.785	271.90	8.192	275.20	9.616	278.49	11.056	281.79
850	864.0	—	271.43	5.725	284.62	7.198	287.92	8.687	291.22	10.193	294.52	11.716	297.81
900	914.0	—	287.13	6.048	300.33	7.602	303.63	9.172	306.92	10.759	310.22	12.363	313.52
950	965.0	—	303.15	6.378	316.35	8.015	319.65	9.667	322.95	11.337	326.24	13.023	329.54
1 000	1 016.0	—	319.18	6.708	332.37	8.427	335.67	10.163	338.97	11.915	342.27	13.683	345.57

公称直径（mm）	管道外径（mm）	绝热层厚度（mm）											
		45		50		55		60		65		70	
		体积（m³）	面积（m²/100m）	体积（m³）	面积（m²/100m）	体积（m³）	面积（m²/100m）	体积（m³）	面积（m²/100m）	体积（m³）	面积（m²/100m）	体积（m³）	面积（m²/100m）
6	10.2	0.823	32.89	0.998	36.19	1.190	39.49	1.398	42.79	1.623	46.09	1.864	49.38
8	13.5	0.871	33.93	1.052	37.23	1.248	40.53	1.462	43.82	1.692	47.12	1.939	50.42
10	17.2	0.925	35.09	1.111	38.39	1.314	41.69	1.534	44.99	1.770	48.28	2.023	51.58
15	21.3	0.985	36.38	1.178	39.68	1.387	42.98	1.613	46.27	1.856	49.57	2.116	52.87
20	26.9	1.067	38.14	1.268	41.44	1.487	44.73	1.722	48.03	1.974	51.33	2.242	54.63
25	33.7	1.166	40.27	1.378	43.57	1.608	46.87	1.854	50.17	2.117	53.47	2.396	56.77
32	42.4	1.292	43.01	1.519	46.31	1.763	49.60	2.023	52.90	2.300	56.20	2.593	59.50
40	48.3	1.378	44.86	1.615	48.16	1.868	51.46	2.138	54.76	2.424	58.05	2.727	61.35
50	60.3	1.553	48.63	1.809	51.93	2.081	55.23	2.371	58.53	2.676	61.82	2.999	65.12
65	76.1	1.783	53.59	2.064	56.89	2.362	60.19	2.677	63.49	3.009	66.79	3.357	70.09
80	88.9	1.969	57.62	2.271	60.91	2.590	64.21	2.926	67.51	3.278	70.81	3.647	74.11
100	114.3	2.339	65.59	2.682	68.89	3.042	72.19	3.419	75.49	3.812	78.79	4.222	82.09
125	139.7	2.709	73.57	3.093	76.87	3.494	80.17	3.912	83.47	4.346	86.77	4.797	90.07
150	168.3	3.125	82.56	3.556	85.86	4.003	89.16	4.467	92.45	4.948	95.75	5.445	99.05
200	219.1	3.865	98.52	4.378	101.82	4.907	105.11	5.454	108.41	6.016	111.71	6.596	115.01
250	273.0	4.650	115.45	5.250	118.75	5.867	122.05	6.500	125.35	7.150	128.64	7.817	131.94
300	323.9	5.391	131.44	6.073	134.74	6.772	138.04	7.488	141.34	8.220	144.63	8.969	147.93
350	355.6	5.853	141.40	6.586	144.70	7.337	148.00	8.104	151.29	8.887	154.59	9.687	157.89
400	406.4	6.592	157.36	7.408	160.66	8.241	163.95	9.090	167.25	9.956	170.55	10.838	173.85
450	457.0	7.329	173.25	8.227	176.55	9.141	179.85	10.072	183.15	11.020	186.45	11.984	189.75
500	508.0	8.072	189.28	9.052	192.57	10.049	195.87	11.062	199.17	12.093	202.47	13.139	205.77
550	559.0	8.814	205.30	9.877	208.60	10.956	211.89	12.053	215.19	13.165	218.49	14.295	221.79
600	610.0	9.557	221.32	10.702	224.62	11.864	227.92	13.043	231.21	14.238	234.51	15.450	237.81
650	660.0	10.285	237.03	11.511	240.32	12.754	243.62	14.013	246.92	15.289	250.22	16.582	253.52
700	711.0	11.028	253.05	12.336	256.35	13.662	259.64	15.004	262.94	16.362	266.24	17.737	269.54
750	762.0	11.770	269.07	13.161	272.37	14.569	275.67	15.994	278.97	17.435	282.26	18.893	285.56
800	813.0	12.513	285.09	13.987	288.39	15.477	291.69	16.984	294.99	18.507	298.29	20.048	301.58
850	864.0	13.255	301.11	14.812	304.41	16.384	307.71	17.974	311.01	19.580	314.31	21.203	317.61
900	914.0	13.984	316.82	15.621	320.12	17.274	323.42	18.945	326.72	20.632	330.01	22.335	333.31
950	965.0	14.726	332.84	16.446	336.14	18.182	339.44	19.935	342.74	21.704	346.04	23.491	349.33
1 000	1 016.0	15.469	348.86	17.271	352.16	19.090	355.46	20.925	358.76	22.777	362.06	24.646	365.36

公称直径（mm）	管道外径（mm）	绝热层厚度（mm）											
		75		80		85		90		95		100	
		体积（m³）	面积（m²/100m）	体积（m³）	面积（m²/100m）	体积（m³）	面积（m²/100m）	体积（m³）	面积（m²/100m）	体积（m³）	面积（m²/100m）	体积（m³）	面积（m²/100m）
6	10.2	2.122	52.68	2.397	55.98	2.688	59.28	2.997	62.58	3.321	65.88	3.663	69.18
8	13.5	2.202	53.72	2.482	57.02	2.779	60.32	3.093	63.62	3.423	66.91	3.770	70.21
10	17.2	2.292	54.88	2.578	58.18	2.881	61.48	3.200	64.78	3.537	68.08	3.889	71.37
15	21.3	2.392	56.17	2.684	59.47	2.994	62.77	3.320	66.07	3.663	69.36	4.022	72.66
20	26.9	2.528	57.93	2.829	61.23	3.148	64.53	3.483	67.82	3.835	71.12	4.203	74.42
25	33.7	2.693	60.07	3.005	63.36	3.335	66.66	3.681	69.96	4.044	73.26	4.423	76.56
32	42.4	2.904	62.80	3.231	66.10	3.574	69.40	3.934	72.69	4.311	75.99	4.705	79.29
40	48.3	3.047	64.65	3.383	67.95	3.736	71.25	4.106	74.55	4.493	77.85	4.896	81.14
50	60.3	3.338	68.42	3.694	71.72	4.066	75.02	4.456	78.32	4.861	81.62	5.284	84.91
65	76.1	3.722	73.39	4.103	76.68	4.501	79.98	4.916	83.28	5.347	86.58	5.795	89.88
80	88.9	4.032	77.41	4.434	80.71	4.853	84.00	5.289	87.30	5.741	90.60	6.209	93.90
100	114.3	4.649	85.39	5.092	88.68	5.552	91.98	6.028	95.28	6.521	98.58	7.031	101.88
125	139.7	5.265	93.37	5.749	96.66	6.250	99.96	6.768	103.26	7.302	106.56	7.853	109.86
150	168.3	5.959	102.35	6.490	105.65	7.037	108.95	7.601	112.25	8.181	115.54	8.779	118.84
200	219.1	7.192	118.31	7.805	121.61	8.434	124.91	9.080	128.20	9.743	131.50	10.422	134.80
250	273.0	8.500	135.24	9.200	138.54	9.917	141.84	10.650	145.14	11.400	148.44	12.166	151.73
300	323.9	9.735	151.23	10.517	154.53	11.316	157.83	12.132	161.13	12.964	164.43	13.813	167.72
350	355.6	10.504	161.19	11.338	164.49	12.188	167.79	13.055	171.09	13.939	174.38	14.839	177.68
400	406.4	11.737	177.15	12.653	180.45	13.586	183.75	14.535	187.04	15.500	190.34	16.483	193.64
450	457.0	12.965	193.05	13.963	196.34	14.977	199.64	16.008	202.94	17.056	206.24	18.120	209.54
500	508.0	14.203	209.07	15.283	212.37	16.380	215.66	17.493	218.96	18.624	222.26	19.770	225.56
550	559.0	15.441	225.09	16.603	228.39	17.783	231.69	18.979	234.98	20.191	238.28	21.421	241.58
600	610.0	16.678	241.11	17.923	244.41	19.185	247.71	20.464	251.01	21.759	254.30	23.071	257.60
650	660.0	17.892	256.82	19.218	260.12	20.560	263.41	21.920	266.71	23.296	270.01	24.689	273.31
700	711.0	19.129	272.84	20.538	276.14	21.963	279.44	23.405	282.74	24.864	286.03	26.339	289.33
750	762.0	20.367	288.86	21.858	292.16	23.366	295.46	24.890	298.76	26.431	302.06	27.989	305.35
800	813.0	21.605	304.88	23.178	308.18	24.769	311.48	26.376	314.78	27.999	318.08	29.639	321.38
850	864.0	22.842	320.90	24.498	324.20	26.171	327.50	27.861	330.80	29.567	334.10	31.290	337.40
900	914.0	24.056	336.61	25.793	339.91	27.546	343.21	29.317	346.51	31.104	349.81	32.908	353.10
950	965.0	25.293	352.63	27.113	355.93	28.949	359.23	30.802	362.53	32.672	365.83	34.558	369.13
1 000	1 016.0	26.531	368.66	28.433	371.95	30.352	375.25	32.287	378.55	34.239	381.85	36.208	385.15

续表

公称直径（mm）	管道外径（mm）	绝热层厚度（mm）											
		0		20		25		30		35		40	
		体积（m³）	面积（m²/100m）	体积（m³）	面积（m²/100m）	体积（m³）	面积（m²/100m）	体积（m³）	面积（m²/100m）	体积（m³）	面积（m²/100m）	体积（m³）	面积（m²/100m）
6	10.0	—	3.14	0.198	16.34	0.289	19.63	0.397	22.93	0.522	26.23	0.663	29.53
8	14.0	—	4.40	0.224	17.59	0.322	20.89	0.436	24.19	0.567	27.49	0.714	30.79
10	17.0	—	5.34	0.243	18.53	0.346	21.83	0.465	25.13	0.601	28.43	0.753	31.73
15	22.0	—	6.91	0.276	20.11	0.386	23.40	0.514	26.70	0.657	30.00	0.818	33.30
20	27.0	—	8.48	0.308	21.68	0.427	24.97	0.562	28.27	0.714	31.57	0.883	34.87
25	34.0	—	10.68	0.353	23.88	0.483	27.17	0.630	30.47	0.793	33.77	0.973	37.07
32	42.0	—	13.19	0.405	26.39	0.548	29.69	0.708	32.99	0.884	36.28	1.077	39.58
40	48.0	—	15.08	0.444	28.27	0.597	31.57	0.766	34.87	0.952	38.17	1.155	41.47
50	60.0	—	18.85	0.522	32.04	0.694	35.34	0.882	38.64	1.088	41.94	1.310	45.24
65	76.0	—	23.88	0.625	37.07	0.823	40.37	1.038	43.67	1.269	46.97	1.517	50.26
80	89.0	—	27.96	0.709	41.15	0.928	44.45	1.164	47.75	1.416	51.05	1.685	54.35
100	114.0	—	35.81	0.871	49.01	1.130	52.31	1.407	55.60	1.699	58.90	2.009	62.20
125	140.0	—	43.98	1.039	57.18	1.341	60.47	1.659	63.77	1.994	67.07	2.345	70.37
150	168.0	—	52.78	1.221	65.97	1.567	69.27	1.931	72.57	2.311	75.87	2.708	79.17
200	219.0	—	68.80	1.551	81.99	1.980	85.29	2.426	88.59	2.888	91.89	3.368	95.19
250	273.0	—	85.76	1.900	98.96	2.417	102.26	2.950	105.55	3.500	108.85	4.067	112.15
300	325.0	—	102.10	2.237	115.29	2.837	118.59	3.455	121.89	4.089	125.19	4.740	128.49
350	356.0	—	111.84	2.437	125.03	3.088	128.33	3.756	131.63	4.440	134.93	5.141	138.23
400	406.0	—	127.54	2.761	140.74	3.493	144.04	4.241	147.34	5.006	150.63	5.788	153.93
450	457.0	—	143.57	3.091	156.76	3.905	160.06	4.736	163.36	5.584	166.66	6.448	169.96
500	508.0	—	159.59	3.421	172.78	4.318	176.08	5.231	179.38	6.161	182.68	7.108	185.98
550	559.0	—	175.61	3.751	188.80	4.730	192.10	5.726	195.40	6.739	198.70	7.768	202.00
600	610.0	—	191.63	4.081	204.83	5.143	208.12	6.221	211.42	7.317	214.72	8.428	218.02

公称直径（mm）	管道外径（mm）	绝热层厚度（mm）											
		45		50		55		60		65		70	
		体积（m³）	面积（m²/100m）	体积（m³）	面积（m²/100m）	体积（m³）	面积（m²/100m）	体积（m³）	面积（m²/100m）	体积（m³）	面积（m²/100m）	体积（m³）	面积（m²/100m）
6	10.0	0.821	32.83	0.995	36.13	1.186	39.43	1.394	42.72	1.618	46.02	1.860	49.32
8	14.0	0.879	34.09	1.060	37.38	1.257	40.68	1.472	43.98	1.703	47.28	1.950	50.58
10	17.0	0.922	35.03	1.108	38.33	1.311	41.62	1.530	44.92	1.766	48.22	2.018	51.52
15	22.0	0.995	36.60	1.189	39.90	1.400	43.20	1.627	46.49	1.871	49.79	2.131	53.09
20	27.0	1.068	38.17	1.270	41.47	1.489	44.77	1.724	48.06	1.976	51.36	2.245	54.66
25	34.0	1.170	40.37	1.383	43.67	1.613	46.97	1.860	50.26	2.123	53.56	2.403	56.86
32	42.0	1.286	42.88	1.513	46.18	1.756	49.48	2.015	52.78	2.291	56.08	2.584	59.37
40	48.0	1.374	44.77	1.610	48.06	1.862	51.36	2.132	54.66	2.418	57.96	2.720	61.26
50	60.0	1.549	48.54	1.804	51.83	2.076	55.13	2.365	58.43	2.670	61.73	2.992	65.03
65	76.0	1.782	53.56	2.063	56.86	2.361	60.16	2.675	63.46	3.007	66.76	3.354	70.06
80	89.0	1.971	57.65	2.273	60.95	2.592	64.24	2.928	67.54	3.280	70.84	3.649	74.14
100	114.0	2.335	65.50	2.678	68.80	3.037	72.10	3.413	75.40	3.806	78.69	4.215	81.99
125	140.0	2.713	73.67	3.098	76.97	3.500	80.27	3.918	83.56	4.353	86.86	4.804	90.16
150	168.0	3.121	82.46	3.551	85.76	3.998	89.06	4.461	92.36	4.942	95.66	5.438	98.96
200	219.0	3.864	98.49	4.376	101.78	4.906	105.08	5.452	108.38	6.014	111.68	6.593	114.98
250	273.0	4.650	115.45	5.250	118.75	5.867	122.05	6.500	125.35	7.150	128.64	7.817	131.94
300	325.0	5.407	131.79	6.091	135.08	6.792	138.38	7.510	141.68	8.244	144.98	8.994	148.28
350	356.0	5.859	141.52	6.593	144.82	7.344	148.12	8.111	151.42	8.896	154.72	9.697	158.02
400	406.0	6.587	157.23	7.402	160.53	8.234	163.83	9.082	167.13	9.947	170.43	10.829	173.72
450	457.0	7.329	173.25	8.227	176.55	9.141	179.85	10.072	183.15	11.020	186.45	11.984	189.75
500	508.0	8.072	189.28	9.052	192.57	10.049	195.87	11.062	199.17	12.093	202.47	13.139	205.77
550	559.0	8.814	205.30	9.877	208.60	10.956	211.89	12.053	215.19	13.165	218.49	14.295	221.79
600	610.0	9.557	221.32	10.702	224.62	11.864	227.92	13.043	231.21	14.238	234.51	15.450	237.81

续表

公称直径（mm）	管道外径（mm）	绝热层厚度（mm）											
		75		80		85		90		95		100	
		体积（m³）	面积（m²/100m）	体积（m³）	面积（m²/100m）	体积（m³）	面积（m²/100m）	体积（m³）	面积（m²/100m）	体积（m³）	面积（m²/100m）	体积（m³）	面积（m²/100m）
6	10.0	2.117	52.62	2.392	55.92	2.683	59.22	2.991	62.52	3.315	65.81	3.656	69.11
8	14.0	2.214	53.88	2.495	57.18	2.793	60.47	3.107	63.77	3.438	67.07	3.786	70.37
10	17.0	2.287	54.82	2.573	58.12	2.876	61.42	3.195	64.71	3.530	68.01	3.883	71.31
15	22.0	2.409	56.39	2.702	59.69	3.013	62.99	3.340	66.29	3.684	69.58	4.045	72.88
20	27.0	2.530	57.96	2.832	61.26	3.151	64.56	3.486	67.86	3.838	71.15	4.206	74.45
25	34.0	2.700	60.16	3.013	63.46	3.343	66.76	3.690	70.06	4.053	73.35	4.433	76.65
32	42.0	2.894	62.67	3.220	65.97	3.563	69.27	3.923	72.57	4.299	75.87	4.692	79.17
40	48.0	3.040	64.56	3.376	67.86	3.728	71.15	4.097	74.45	4.483	77.75	4.886	81.05
50	60.0	3.331	68.33	3.686	71.63	4.058	74.92	4.447	78.22	4.852	81.52	5.274	84.82
65	76.0	3.719	73.35	4.100	76.65	4.498	79.95	4.913	83.25	5.344	86.55	5.792	89.85
80	89.0	4.035	77.44	4.437	80.74	4.856	84.04	5.291	87.33	5.744	90.63	6.213	93.93
100	114.0	4.641	85.29	5.084	88.59	5.543	91.89	6.019	95.19	6.512	98.49	7.022	101.78
125	140.0	5.272	93.46	5.757	96.76	6.258	100.06	6.777	103.36	7.311	106.65	7.863	109.95
150	168.0	5.952	102.26	6.482	105.55	7.029	108.85	7.592	112.15	8.172	115.45	8.769	118.75
200	219.0	7.189	118.28	7.802	121.58	8.431	124.87	9.077	128.17	9.740	131.47	10.419	134.77
250	273.0	8.500	135.24	9.200	138.54	9.917	141.84	10.650	145.14	11.400	148.44	12.166	151.73
300	325.0	9.762	151.58	10.546	154.88	11.347	158.17	12.164	161.47	12.998	164.77	13.849	168.07
350	356.0	10.514	161.32	11.348	164.61	12.199	167.91	13.067	171.21	13.951	174.51	14.852	177.81
400	406.0	11.728	177.02	12.643	180.32	13.575	183.62	14.523	186.92	15.488	190.22	16.470	193.52
450	457.0	12.965	193.05	13.963	196.34	14.977	199.64	16.008	202.94	17.056	206.24	18.120	209.54
500	508.0	14.203	209.07	15.283	212.37	16.380	215.66	17.493	218.96	18.624	222.26	19.770	225.56
550	559.0	15.441	225.09	16.603	228.39	17.783	231.69	18.979	234.98	20.191	238.28	21.421	241.58
600	610.0	16.678	241.11	17.923	244.41	19.185	247.71	20.464	251.01	21.759	254.30	23.071	257.60

公称直径（mm）	管道外径（mm）	绝热层厚度（mm）											
		0		20		25		30		35		40	
		体积（m³）	面积（m²/100m）	体积（m³）	面积（m²/100m）	体积（m³）	面积（m²/100m）	体积（m³）	面积（m²/100m）	体积（m³）	面积（m²/100m）	体积（m³）	面积（m²/100m）
10	14.0	—	4.40	0.224	17.59	0.322	20.89	0.436	24.19	0.567	27.49	0.714	30.79
15	18.0	—	5.65	0.250	18.85	0.354	22.15	0.475	25.45	0.612	28.74	0.766	32.04
20	25.0	—	7.85	0.295	21.05	0.411	24.35	0.543	27.65	0.691	30.94	0.857	34.24
25	32.0	—	10.05	0.340	23.25	0.467	26.55	0.611	29.84	0.771	33.14	0.947	36.44
32	38.0	—	11.94	0.379	25.13	0.516	28.43	0.669	31.73	0.839	35.03	1.025	38.33
40	45.0	—	14.14	0.425	27.33	0.572	30.63	0.737	33.93	0.918	37.23	1.116	40.53
50	57.0	—	17.91	0.502	31.10	0.669	34.40	0.853	37.70	1.054	41.00	1.271	44.30
65	76.0	—	23.88	0.625	37.07	0.823	40.37	1.038	43.67	1.269	46.97	1.517	50.26
80	89.0	—	27.96	0.709	41.15	0.928	44.45	1.164	47.75	1.416	51.05	1.685	54.35
100	108.0	—	33.93	0.832	47.12	1.082	50.42	1.348	53.72	1.631	57.02	1.931	60.32
125	133.0	—	41.78	0.994	54.98	1.284	58.27	1.591	61.57	1.915	64.87	2.255	68.17
150	159.0	—	49.95	1.162	63.14	1.495	66.44	1.843	69.74	2.209	73.04	2.591	76.34
200	219.0	—	68.80	1.551	81.99	1.980	85.29	2.426	88.59	2.888	91.89	3.368	95.19
250	273.0	—	85.76	1.900	98.96	2.417	102.26	2.950	105.55	3.500	108.85	4.067	112.15
300	325.0	—	102.10	2.237	115.29	2.837	118.59	3.455	121.89	4.089	125.19	4.740	128.49
350	377.0	—	118.43	2.573	131.63	3.258	134.93	3.960	138.23	4.678	141.52	5.413	144.82
400	426.0	—	133.83	2.890	147.02	3.654	150.32	4.435	153.62	5.233	156.92	6.047	160.22
450	480.0	—	150.79	3.240	163.99	4.091	167.28	4.959	170.58	5.844	173.88	6.746	177.18
500	530.0	—	166.50	3.563	179.69	4.496	182.99	5.445	186.29	6.411	189.59	7.393	192.89
600	630.0	—	197.91	4.210	211.11	5.305	214.41	6.416	217.71	7.543	221.00	8.687	224.30
700	720.0	—	226.19	4.793	239.38	6.033	242.68	7.289	245.98	8.562	249.28	9.852	252.58
800	820.0	—	257.60	5.440	270.80	6.842	274.10	8.260	277.39	9.695	280.69	11.146	283.99
900	920.0	—	289.02	6.087	302.21	7.651	305.51	9.231	308.81	10.827	312.11	12.441	315.41
1 000	1 020.0	—	320.43	6.734	333.63	8.459	336.93	10.201	340.22	11.960	343.52	13.735	346.82

续表

公称直径（mm）	管道外径（mm）	绝热层厚度（mm）											
		45		50		55		60		65		70	
		体积（m³）	面积（m²/100m）	体积（m³）	面积（m²/100m）	体积（m³）	面积（m²/100m）	体积（m³）	面积（m²/100m）	体积（m³）	面积（m²/100m）	体积（m³）	面积（m²/100m）
10	14.0	0.879	34.09	1.060	37.38	1.257	40.68	1.472	43.98	1.703	47.28	1.950	50.58
15	18.0	0.937	35.34	1.124	38.64	1.329	41.94	1.549	45.24	1.787	48.54	2.041	51.83
20	25.0	1.039	37.54	1.238	40.84	1.453	44.14	1.685	47.44	1.934	50.74	2.199	54.03
25	32.0	1.141	39.74	1.351	43.04	1.578	46.34	1.821	49.64	2.081	52.93	2.358	56.23
32	38.0	1.228	41.62	1.448	44.92	1.684	48.22	1.938	51.52	2.207	54.82	2.494	58.12
40	45.0	1.330	43.82	1.561	47.12	1.809	50.42	2.073	53.72	2.355	57.02	2.652	60.32
50	57.0	1.505	47.59	1.755	50.89	2.023	54.19	2.306	57.49	2.607	60.79	2.924	64.09
65	76.0	1.782	53.56	2.063	56.86	2.361	60.16	2.675	63.46	3.007	66.76	3.354	70.06
80	89.0	1.971	57.65	2.273	60.95	2.592	64.24	2.928	67.54	3.280	70.84	3.649	74.14
100	108.0	2.247	63.62	2.581	66.91	2.930	70.21	3.297	73.51	3.680	76.81	4.079	80.11
125	133.0	2.611	71.47	2.985	74.77	3.375	78.07	3.782	81.36	4.205	84.66	4.646	87.96
150	159.0	2.990	79.64	3.406	82.94	3.838	86.23	4.287	89.53	4.752	92.83	5.234	96.13
200	219.0	3.864	98.49	4.376	101.78	4.906	105.08	5.452	108.38	6.014	111.68	6.593	114.98
250	273.0	4.650	115.45	5.250	118.75	5.867	122.05	6.500	125.35	7.150	128.64	7.817	131.94
300	325.0	5.407	131.79	6.091	135.08	6.792	138.38	7.510	141.68	8.244	144.98	8.994	148.28
350	377.0	6.164	148.12	6.933	151.42	7.717	154.72	8.519	158.02	9.337	161.32	10.172	164.61
400	426.0	6.878	163.52	7.725	166.81	8.590	170.11	9.470	173.41	10.368	176.71	11.282	180.01
450	480.0	7.664	180.48	8.599	183.78	9.551	187.08	10.519	190.37	11.504	193.67	12.505	196.97
500	530.0	8.392	196.19	9.408	199.49	10.440	202.78	11.489	206.08	12.555	209.38	13.638	212.68
600	630.0	9.848	227.60	11.026	230.90	12.220	234.20	13.431	237.50	14.658	240.80	15.903	244.09
700	720.0	11.159	255.88	12.482	259.17	13.822	262.47	15.178	265.77	16.551	269.07	17.941	272.37
800	820.0	12.615	287.29	14.100	290.59	15.601	293.89	17.120	297.19	18.655	300.48	20.206	303.78
900	920.0	14.071	318.71	15.718	322.00	17.381	325.30	19.061	328.60	20.758	331.90	22.471	335.20
1 000	1 020.0	15.527	350.12	17.336	353.42	19.161	356.72	21.003	360.02	22.861	363.31	24.736	366.61

续表

公称直径（mm）	管道外径（mm）	绝热层厚度（mm）											
		75		80		85		90		95		100	
		体积（m³）	面积（m²/100m）	体积（m³）	面积（m²/100m）	体积（m³）	面积（m²/100m）	体积（m³）	面积（m²/100m）	体积（m³）	面积（m²/100m）	体积（m³）	面积（m²/100m）
10	14.0	2.214	53.88	2.495	57.18	2.793	60.47	3.107	63.77	3.438	67.07	3.786	70.37
15	18.0	2.312	55.13	2.599	58.43	2.903	61.73	3.224	65.03	3.561	68.33	3.915	71.63
20	25.0	2.481	57.33	2.780	60.63	3.096	63.93	3.428	67.23	3.776	70.53	4.142	73.83
25	32.0	2.651	59.53	2.961	62.83	3.288	66.13	3.631	69.43	3.992	72.73	4.368	76.02
32	38.0	2.797	61.42	3.117	64.71	3.453	68.01	3.806	71.31	4.176	74.61	4.562	77.91
40	45.0	2.967	63.62	3.298	66.91	3.646	70.21	4.010	73.51	4.391	76.81	4.789	80.11
50	57.0	3.258	67.39	3.609	70.68	3.976	73.98	4.360	77.28	4.760	80.58	5.177	83.88
65	76.0	3.719	73.35	4.100	76.65	4.498	79.95	4.913	83.25	5.344	86.55	5.792	89.85
80	89.0	4.035	77.44	4.437	80.74	4.856	84.04	5.291	87.33	5.744	90.63	6.213	93.93
100	108.0	4.496	83.41	4.929	86.71	5.378	90.00	5.845	93.30	6.328	96.60	6.827	99.90
125	133.0	5.102	91.26	5.576	94.56	6.066	97.86	6.573	101.16	7.096	104.45	7.636	107.75
150	159.0	5.733	99.43	6.249	102.73	6.781	106.03	7.330	109.32	7.895	112.62	8.478	115.92
200	219.0	7.189	118.28	7.802	121.58	8.431	124.87	9.077	128.17	9.740	131.47	10.419	134.77
250	273.0	8.500	135.24	9.200	138.54	9.917	141.84	10.650	145.14	11.400	148.44	12.166	151.73
300	325.0	9.762	151.58	10.546	154.88	11.347	158.17	12.164	161.47	12.998	164.77	13.849	168.07
350	377.0	11.024	167.91	11.892	171.21	12.777	174.51	13.678	177.81	14.597	181.11	15.532	184.41
400	426.0	12.213	183.31	13.160	186.61	14.125	189.90	15.105	193.20	16.103	196.50	17.117	199.80
450	480.0	13.523	200.27	14.558	203.57	15.610	206.87	16.678	210.17	17.763	213.46	18.864	216.76
500	530.0	14.737	215.98	15.853	219.28	16.985	222.58	18.134	225.87	19.300	229.17	20.482	232.47
600	630.0	17.164	247.39	18.441	250.69	19.735	253.99	21.046	257.29	22.374	260.59	23.718	263.89
700	720.0	19.348	275.67	20.771	278.97	22.211	282.26	23.667	285.56	25.140	288.86	26.630	292.16
800	820.0	21.775	307.08	23.359	310.38	24.961	313.68	26.579	316.98	28.214	320.28	29.866	323.57
900	920.0	24.201	338.50	25.948	341.80	27.711	345.09	29.492	348.39	31.288	351.69	33.102	354.99
1 000	1 020.0	26.628	369.91	28.537	373.21	30.462	376.51	32.404	379.81	34.362	383.11	36.337	386.40

注：1. 本表按下列公式计算：

$$体积（m^3）=3.141\,5 \times (D+1.03\delta) \times 1.03\delta \times L$$
$$面积（m^2）=3.141\,5 \times (D+2.1\delta) \times L$$

D 为管道外径；δ 为保温层厚度；1.03、2.1 为调整系数。

2. 本表中数据是按无伴管状态考虑的；如有伴管，则应将管外径加上伴管直径及主管与伴管之间的缝隙。

①若为单管伴热，则 $D'=D_1+D_2+（10\sim20）$。

②若为双管伴热（管径相同，夹角大于90°时），则 $D'=D_1+1.5D_2+（10\sim20）$。

③若为双管伴热（管径不同，夹角小于90°时），则 $D'=D_1+D_{伴大}+（10\sim20）$，D' 表示伴热管道综合值，D_1 表示主管直径；D_2、$D_{伴大}$ 表示伴管直径，（10～20）表示主管与伴管之间的缝隙（mm）。

④若伴热管道外增加铁丝网及铝箔，则应在管道综合值外增加双倍铁丝网及铝箔的厚度。

⑤若此表中，没有考虑保冷时防滑剂的厚度、防潮层粘接剂的厚度，可按设计要求的厚度考虑增加。

3. 本表内管道外径按《化工配管用无缝及焊接钢管尺寸选用系列》HG/T 20553—2011 选用。

四、法兰、阀门保温盒保护层工程量计算表

法兰、阀门保温盒保护层工程量计算表

单位：m²

公称直径 （mm）	法兰 （副）	阀门 （个）	公称直径 （mm）	法兰 （副）	阀门 （个）
DN15	0.181	0.167	DN150	0.296	0.609
DN20	0.187	0.192	DN200	0.332	0.763
DN25	0.193	0.208	DN250	0.556	0.950
DN32	0.209	0.246	DN300	0.606	1.140
DN40	0.215	0.275	DN350	0.661	1.356
DN50	0.224	0.344	DN400	0.716	1.592
DN65	0.236	0.381	DN450	0.772	1.978
DN80	0.246	0.414	DN500	0.840	2.442
DN100	0.257	0.462	DN600	0.956	2.776
DN125	0.275	0.530	DN700	1.102	3.203

五、法兰、阀门保温盒绝热层工程量计算表

法兰、阀门保温盒绝热层工程量计算表

单位：m³

公称直径（mm）	法兰（副）	阀门（个）	备注
DN50 以下	0.010	0.008	—
DN125 以下	0.044	0.032	—
DN400 以下	0.074	0.13	—
DN700 以下	0.090	0.35	—

六、安装工程主要材料损耗率表

安装工程主要材料损耗率表

序号	名称	损耗率（%）
1	硬质瓦块（管道、立、卧、球形设备）	6
2	泡沫玻璃瓦块（管道、立、卧、球形设备）	6
3	岩棉管壳（管道、立、卧式设备）	3
4	岩棉板（矩型管道、球形设备）	5
5	泡沫塑料瓦块（管道、立、卧式设备）	3
6	泡沫塑料瓦块（矩型管道、球形设备）	6
7	毡类制品（管道、立、卧、球形设备）	3
8	棉席被类制品（立、卧、球形设备）	3
9	棉席被类制品（阀门）	5
10	棉席被类制品（法兰）	3
11	纤维类散装材料（管道、阀门、法兰,立、卧、球形设备）	3
12	可发性聚氨酯泡沫塑料（组合液）	20
13	带铝箔离心玻璃棉管壳（管道、立、卧设备）	3
14	带铝箔离心玻璃棉管壳（球形设备）	5
15	带铝箔离心玻璃棉板（风管）	3
16	橡胶管壳、橡塑板（管道）	3
17	橡塑板（阀门、法兰、风管）	8
18	保温膏（管道、设备）	4
19	聚苯乙烯泡沫板（风管）	8
20	复合硅酸铝绳	6

主编单位： 电力工程造价与定额管理总站

专业主编单位： 化学工业工程造价管理总站

参编单位： 中国化学工程集团有限公司

中国化学工程第三建设有限公司

中国化学工程第十一建设有限公司

陕西化建工程有限责任公司

计价依据编制审查委员会综合协商组： 胡传海　王海宏　吴佐民　王中和　董士波

冯志祥　褚得成　刘中强　龚桂林　薛长立

杨廷珍　汪亚峰　蒋玉翠　汪一江

计价依据编制审查委员会专业咨询组： 薛长立　蒋玉翠　杨　军　张　鑫　李　俊

余铁明　庞宗琨

编制人员： 李相仁　张雪雷　展庆刚　刘全好　邓　炜　查江冰　李　鼎　蒋玉翠

专业内部审查专家： 褚得成　陆士平　赵远洋　张靖驰　杨学宁

审查专家： 薛长立　蒋玉翠　张　鑫　兰有东　彭永才　陈庆波　李伟亮

软件支持单位： 成都鹏业软件股份有限公司

软件操作人员： 杜　彬　赖勇军　孟　涛　可　伟